88 G⚬LDEN RULES FOR
RESIDENTIAL LIGHTING

住宅照明

88条

黄金法则

王华清　编著

化学工业出版社
·北京·

内容简介

本书共十一章，按玄关及走廊、客厅、餐厅、卧室、儿童房、衣帽间、书房、厨房、卫浴间、休闲及娱乐空间和细节区域十一个功能空间进行划分，结合各个空间的特点直接给出照明设计思路和设计原则，并通过实景图、照明平面图与漫画插图相结合的方式展现具体的设计手法。

本书可供室内设计专业人员和在校学生使用，也可作为大专院校建筑、室内环境艺术专业的教学参考书。

图书在版编目（CIP）数据

住宅照明88条黄金法则/王华清编著. -- 北京：
化学工业出版社, 2025.6. -- ISBN 978-7-122-47834-4

I. TU113.6

中国国家版本馆CIP数据核字第2025N36R45 号

责任编辑：李旺鹏　王斌　　　　　　　　装帧设计：王晓宇
责任校对：田睿涵

出版发行：化学工业出版社
　　　　　（北京市东城区青年湖南街 13 号　邮政编码 100011）
印　　装：北京宝隆世纪印刷有限公司
710mm×1000mm　1/16　印张 13　字数 170 千字
2025 年 6 月北京第 1 版第 1 次印刷

购书咨询：010-64518888　　　　　售后服务：010-64518899
网　　址：http://www.cip.com.cn
凡购买本书，如有缺损质量问题，本社销售中心负责调换。

定　　价：98.00元　　　　　　　　　　版权所有　违者必究

前言
PREFACE

光不仅是生物赖以生存的保障，还是帮助人们在视觉系统上认识世界的重要条件。柯布西耶说过："氛围生于光，空间成于光，建筑述诸于光。"可以说，光是建筑空间的灵魂。光环境的氛围营造主要体现在照明设计上，照明设计是开启空间艺术性的关键一环。同样，照明设计也是室内空间设计的重要组成部分，照明设计的好坏直接影响室内空间的整体效果。随着生产力的发展和科技的进步，人们对生活品质的要求逐步提升，对于居住空间舒适度的品质要求也越来越高，已经从注重实用性向满足精神和情感需求转变，照明设计对艺术性美感的体现也是室内空间灵魂的主要构成。

近年来，家居照明产品无论在技术方面还是在外观方面都得到极大的丰富。但是过多的产品类型也让人们眼花缭乱，不知如何挑选适合的灯具，如何搭配灯具。本书从室内空间的光环境营造入手，从优秀设计中总结照明技法，提炼关键点，将实景图、照明平面图、漫画插图相结合，通过通俗的语言、直观的图示讲解枯燥难懂的照明设计知识。在讲解清楚照明设计原理的基础上，针对不同的设计推荐适合的灯具选择。

本书将家居空间分为玄关及走廊、客厅、餐厅、卧室、儿童房、衣帽间、书房、厨房、卫浴间、休闲及娱乐空间和细节区域等十一个功能空间，针对这些空间阐述了照明设计的思维方法，并提取了88个照明设计法则，让读者一看就懂，并能直接借鉴应用于照明方案中。

照明设计并不是理论化程度极高的复杂学科，相反它是一种实践性质的应用技能。零基础的初学者通过有效学习与实践也能够掌握照明设计方法，提升照明设计思维能力。

目录 CONTENTS

第六章 衣帽间照明设计

第七章 书房照明设计

第八章 厨房照明设计

第一章

玄关、走廊照明设计

玄关和走廊是室外到室内至关重要的过渡空间。玄关具有迎客的作用，而走廊则起到沟通各个空间环境氛围的作用。玄关和走廊的照明设计首先要依据功能合理配置照度，其次要依据区域规模选择灯具大小，然后要利用不同照明方式营造空间氛围，最后可以运用间接照明丰富灯光层次，增加空间立体感。

法则 1

借助邻近空间光源配合局部照明

　　如果玄关和室内其他功能区为贯通状态，可以借助邻近功能区的主要光源进行照明，同时运用局部照明创建光域进行辅助，照亮整个空间。这样的布光思路有利于提高整个室内空间布光的整体性，防止空间出现照明断层，造成视觉疲劳。

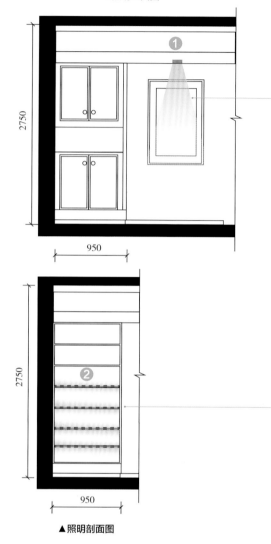

▼ 照明立面图

2750

950

▲ 照明剖面图

▲ 实景图

直接照明

是比较常见的照明方式，不只可以用来创建整个空间的光域，也可作为局部照明，凸显细节，强调焦点。为防止眩光，要避免将固定式内嵌筒灯设置在人主要活动区域的正上方，如玄关柜换鞋区域。

间接照明

主要是通过反射光来营造空间氛围，反射光柔和，不易产生眩光刺眼，一般用在需要照度不高的空间区域。玄关柜设置间接照明作为辅助光源，这种间接光源设置在暗藏灯槽内，起照亮、引导的作用。

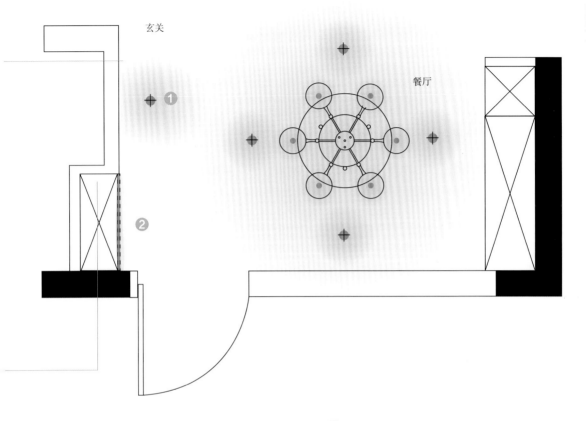

玄关

餐厅

▲ 照明平面图

1 固定式内嵌灯

① 隐藏式嵌灯的光束角度是 0°~60°，起到提亮视觉焦点的作用；

② 可以紧贴墙面安装，方便更换；

③ 如多盏灯分散式等距排布，能够形成一片光墙，达到"光洗墙"
效果。

2 暗藏灯带

在进行局部辅助照明的同时，直线形灯带水平安装在玄关柜的隔板
下，隐藏在框架后发出柔和暖光，不仅能提供储物柜区域的照明，
也能增加空间立体效果，能更好地塑造空间氛围。

法则 2

多重光源配置提升空间高级感

　　如果玄关处光线不好，或者配色为暗色系，显得空间沉闷不够明亮，在照明设计时，可以利用主要照明结合家具柜体上的局部照明，提亮空间明度，打造灯光层次。例如，顶棚上的嵌灯和玄关柜暗藏灯带组合使用。

玄关离整体空间的中心光源较远，所以需要设置主光源。因为玄关狭长，空间较小，所以选择固定式内嵌筒灯作为主要光源，在顶棚均匀排布几盏固定式内嵌筒灯，保证整体亮度的一致性，同时选择高色温的筒灯光源，可以让暗色调的玄关看起来明亮通透。

▲实景图

玄关柜内的暗藏光源作为间接照明，不仅为暗色调的玄关补充照明，而且可以带来柔和的光线，起到照亮或引导的作用。

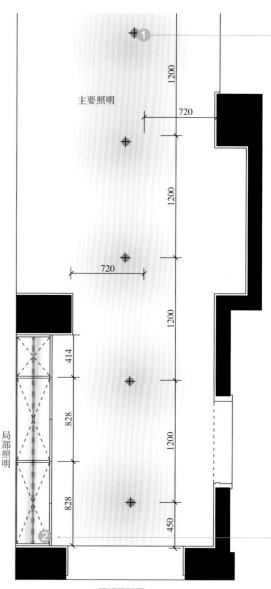

主要照明

局部照明

▲照明平面图

① 固定式内嵌筒灯
固定式内嵌筒灯作为主要照明可以使顶棚在视觉上更整洁，使用多盏光束角为 58°的筒灯，可以保证空间整体亮度。

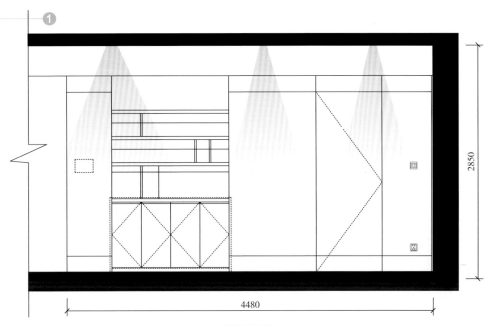

▲照明立面图

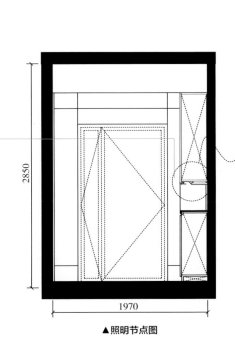

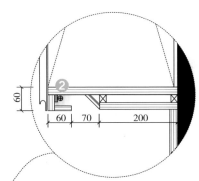

▲照明节点图

❷ T5 灯管

固定式内嵌筒灯的光束角度较小，不能全方位地照亮整个空间，因此在玄关柜隔板下设置 T5 灯管作为局部照明，既能够增加灯光层次，又可以灵活地应对玄关空间的照明需求。

法则 3

造型吊灯打造光影提升空间立体感

　　带有造型的灯具不光有照亮空间的作用，还有装饰空间的作用。如果选择特殊造型或材质的吊灯，光线通过折射、漫射、透射，会产生意想不到的光影效果，从而塑造空间艺术感，极大增强玄关的趣味性与立体感。

吊灯的照明类型

吊灯作为生活中较为常见的照明灯具，既可以用来创建较宽广的光域照亮整个空间，也可以用作局部照明。根据生活中实际的使用情况，吊灯的出光方式可以细分为直接光、半直接光、整体扩散光、半间接光、间接光。

▼**实景图**

① **直接光吊灯**
灯罩为搪瓷等不透光材料的吊灯，只能照亮下方区域。

　　本案例玄关空间不大，用一盏复古的造型吊灯来凝聚空间重心，且为了呼应玄关柜黑色把手与地面黑色纹样，选择黑色藤蔓式框架外观的吊灯，进一步加强整个空间的典雅、复古的氛围。吊灯创造的光影效果为空间增添了戏剧性效果，塑造出一种既古朴又时尚的艺术化生活格调。

② **半直接光吊灯**
灯罩为透光材料，光源可以通过灯罩照到顶棚。

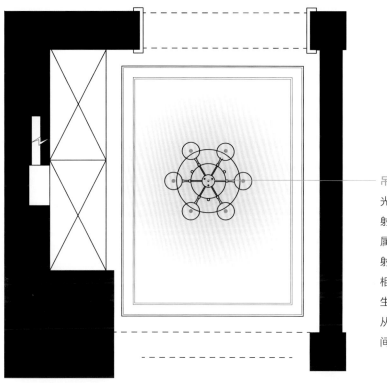

吊灯（金属、玻璃）

光可以轻松地透过玻璃透射出来，照亮周围；而金属材质的透射率较低，反射率高，因此玻璃与金属相结合的造型吊顶容易产生出乎意料的光影效果，从而打造具有艺术感的空间氛围。

▲ 照明平面图

③ 整体扩散光吊灯

整个灯具包括灯罩在内都发光的吊灯。能够确保空间内的亮度，可以取代固定式内嵌灯应用于高顶棚的空间。

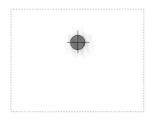

④ 半间接光吊灯

用反光板反射使上方被间接光照亮的吊灯。与使用半直接光吊灯一样，要注意顶棚的处理。

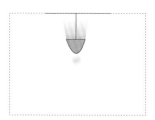

⑤ 间接光吊灯

使用不透光材料的灯罩遮挡下方，灯具照亮上方的扩散型吊灯。下方如有照明需求，需要再设置台灯、落地灯等其他灯具。

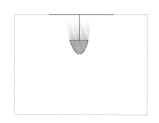

法则 4

小空间玄关中的简单照明
——点状光源的组合使用

若玄关非常小，那么就不用追求过于复杂的照明层次，满足功能需求即可，可以考虑使用点状光源组合，这样不会给狭小的空间增加拥挤感，可以让玄关看起来更宽敞、更明亮。

固定式内嵌灯

本案例玄关空间长 1.52m、宽 1.15m，面积不大，仅能够满足一个成年人在站立状态下进行有效操作。因此，在照明设计时，不需要引入过多的光源层次来徒增累赘，在顶棚上设置一组固定式内嵌灯即可。

▼实景图

小玄关只简单地设置了一盏垂挂式小吊灯，并选择了柔和的黄光，借由暖光源营造温馨感。整体的空间中墙面采用了白色装饰木，家具使用了浅灰色的布艺沙发和同款装饰木储物柜，浅色的家具和墙壁能够在反射光线增加照明效果的同时起到拓展空间的作用。

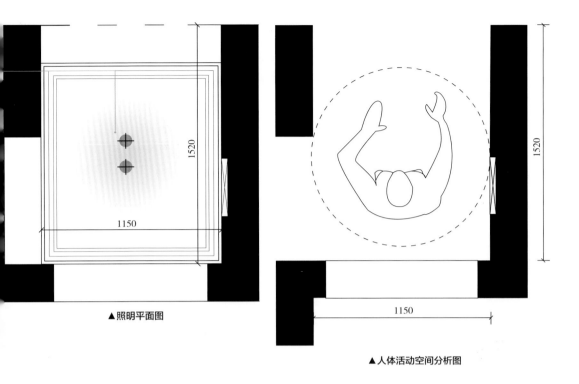

▲照明平面图

▲人体活动空间分析图

根据装修色彩决定灯具数量

白色等明亮色彩的空间中，由于墙、地、顶面的反射率较高，光线易充满整个空间，如果选用照射角比较宽的筒灯或者所有方向都有光的壁灯、吊灯，即使仅布置少量灯具，也能使整个空间充满柔和的灯光。如果室内装修采用暗色调，想要使整个空间都很明亮，使用灯具数量就要多一些，至少为白色等明亮色彩的房间的三倍。

白色

深色

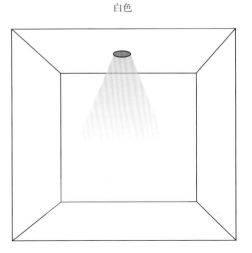

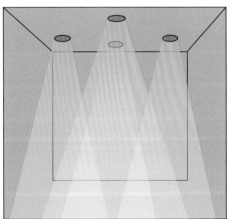

法则 5

少量光源营造安稳氛围

一般情况下，人们不会在玄关、走廊停留太久或长时间进行需要明亮光线的活动，所以在照明设计中，营造空间氛围往往比强调空间明亮感更加重要。例如，可以特意地运用少量光源营造踏入家门时安全、温馨的气氛。

设置少量固定式内嵌筒灯，并选择 3000K 偏暖光搭配灰色调背景，营造具有稳定内心情绪、缓解疲惫身心效果的灯光氛围。

▼实景图

采用光束角更小的射灯作为局部重点照明，强调艺术品、装饰画，同样能够起到引导空间流线的作用。

固定式灯具的分类

室内照明灯具按照安装方式可分为固定式灯具和可移动式灯具两大类，固定式灯具又可以分为嵌入式灯具和悬吊式灯具等几类。

嵌入式灯具

特点：安装时嵌入吊顶系统；能较好地控制眩光；顶棚与灯具的亮度对比大，顶棚较暗；费用高。

适用场所：适用于低顶棚但要求眩光小的照明场所。

半嵌入式灯具

特点：能较好地控制眩光；顶棚与灯具的亮度对比大，顶棚暗；费用较高。

适用场所：适用于吊顶较浅或无吊顶的照明场所。

悬吊式灯具

特点：光利用率高；易于安装和维护；顶棚有时出现暗区；费用低。

适用场所：适用于顶棚较高的照明场所。

表面式灯具

特点：顶棚较亮；眩光可控制；光利用率高；易于安装和维护；费用低。

适用场所：适用于低顶棚照明场所。

轨道式安装灯具

特点：轨道本身既提供了灯具支撑，又提供了电气连接；安装灵活。

适用场所：尤其适用于需要灵活调整照射角度的空间。

▼ 照明平面图

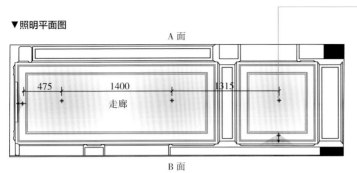

A 面

475　　1400　　　1315

走廊

B 面

固定式内嵌射灯（7W/3000K）、广角型内嵌筒灯

本案例走廊贯通了主卧、次卧、书房、公卫，当空间处于开放（开门）状态时，能够接收到相邻空间的光，光源是比较充足的，所以可以为了提升空间的精致感，设置小尺寸的嵌灯，这样既能提供均匀照明，也能区分出空间层次。

A 立面图

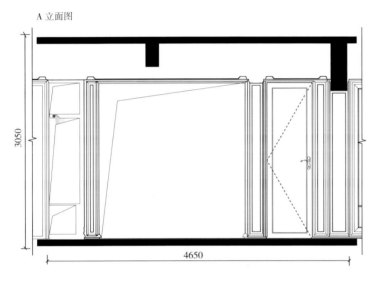

3050

4650

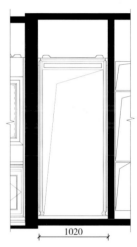

1020

B 立面图

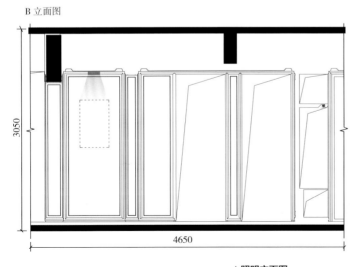

3050

4650

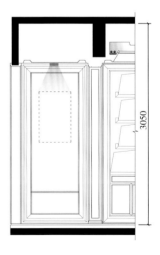

3050

▲ 照明立面图

法则 6

广角型内嵌筒灯 + 暗藏灯带
塑造"发光顶棚"

　　饱和度较高的色彩是强化空间量感的关键性因素，走廊作为贯通室内各个功能区的空间，可以利用亮度较高的色调结合相同色系的家具、工艺品以及软装来提升整个空间的通透感。另外，在照明设计上，可以运用广角型内嵌筒灯与暗藏灯带组合搭配，塑造出一种发光顶棚的氛围，增加空间层次。

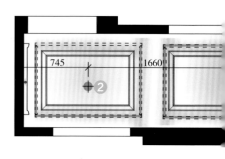

2 固定式内嵌筒灯

为了保证顶棚的整洁感，选择固定式内嵌筒灯为走廊提供直接照明，照亮整个空间和顶棚。为了保证整个走廊亮度统一，以 1.6m 的间隔排布筒灯，色温 3000~3500K。

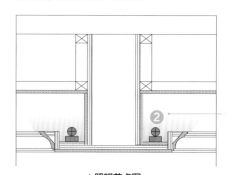

▲ 照明节点图

▼ 实景图

走廊的直接照明来自顶棚的固定式内嵌筒灯，直接照亮整个玄关空间。顶棚的跌级吊顶内设置了暗藏灯带，柔和的间接照明照亮了顶棚，营造出发光顶棚的效果。

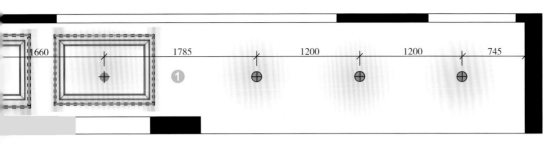

| 1660 | | 1785 | 1200 | 1200 | 745 |

▲ 照明平面图

❶ LED 暗藏灯带

吊顶灯带的出光效果有两种，分别为对顶棚出光和擦墙、洗墙效果，本案例中是对顶棚出光，让光在顶面形成好看的光斑，以此丰富空间照明层次。

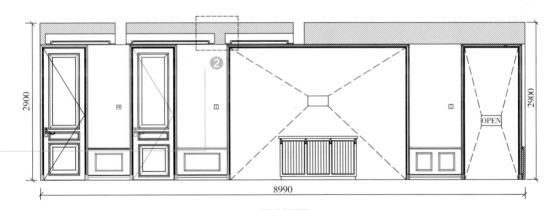

2900   2900

8990

▲ 照明立面图

暗藏灯带照亮顶棚的应用

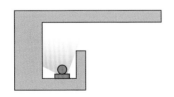

有遮光板

LED 线条灯体积较小，如果遮光板的高度为 80mm,LED 可以为 40mm 以下。并且灯槽内要做哑光处理防止眩光。

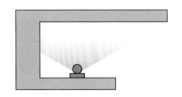

无遮光板

因为 LED 灯具本身体积较小，所以为了保证光源能充分照射，可以在条件允许的情况下取消遮光板。

法则 7

广角型内嵌筒灯创建光域

将可以产生暖光的固定式内嵌灯安装在过道，其光线可以从顶棚直射到地面，充分发挥光的直射性特点，在视觉上起到扩展空间的作用。若将固定式内嵌灯整齐排布，还能够起到拉长空间纵深感的作用。

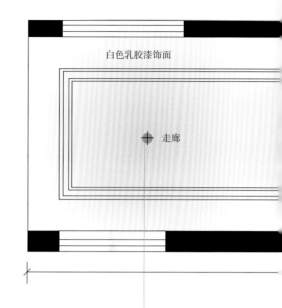

白色乳胶漆饰面

走廊

广角型内嵌筒灯提供主要光源，以直接照明的方式照亮整个空间。

▼实景图

通过玻璃门借用相邻空间的光源洗墙，强调墙面细节，突出视觉焦点。

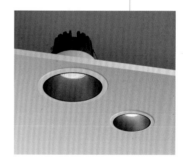

固定式内嵌筒灯

本案例选择内嵌式防眩光广角型筒灯作为走廊的主要光源，进行直接照明，这种灯具创建的光域范围大，能够有效照亮整条走廊，使空间变得明亮又不刺眼。另外，筒灯为等距排列，其间距为 1300mm。需要注意的是，为防止眩光，应避免在空间出入口或人长时间停留区域正上方设置筒灯。

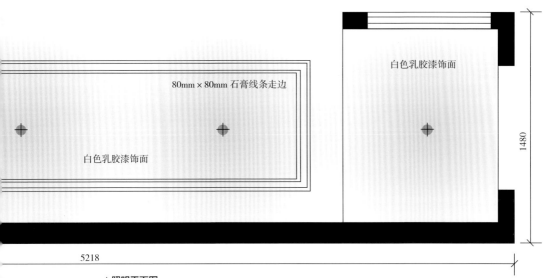

白色乳胶漆饰面

80mm × 80mm 石膏线条走边

白色乳胶漆饰面

1480

5218

▲ 照明平面图

筒灯常见排列方式

筒灯的排列方式各有其优势与弊端，需要根据实际情况斟酌选择。

单个筒灯

汇集式排列方式能够弥补顶棚"洞穴"❶问题，使得空间整洁利落，但是这样的排布方式创建的光域面积相对较小，需要配合辅助照明。

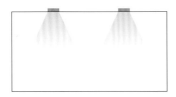

分散筒灯

分散式排列方式能够顾及整个空间的照明，光域较大，能使空间光源充足、明亮。然而，因光束角度问题，光线无法照射到整个顶棚，会形成"洞穴"，空间会因此光影斑驳，显得不够整洁利落。可选用广角型筒灯来解决"洞穴"问题。

筒灯的配光角度

窄角

配光角度：10°

光照特点：光束非常纤细

中角

配光角度：15°~20°

光照特点：能产生明暗相间的光照效果

广角

配光角度：30°~36°

光照特点：能产生稍微有些扩散的光束（开口部分容易形成间接眩光，需采用反射率高的镜面反光板来抑制眩光）

扩散

配光角度：40°~60°

光照特点：能均匀照亮整个空间

❶ 指嵌入式筒灯安装后可能引发的"洞穴效应"。其主要表现为：当筒灯集中布置在吊顶时，光线主要聚焦于地面或特定区域，而周围墙面因缺乏照明而显得昏暗，导致空间整体明暗对比强烈，形成类似"洞穴"的压抑感。

法则 8

内嵌射灯打造艺术展示空间

　　射灯的聚光效果很好，适合针对画框、工艺品等特殊对象的独立照明和辅助照明。对于空间不大的走廊而言，用光束角较大的内嵌射灯做直接照明也能有不错的效果，可以对装饰画、工艺品和墙面进行打光，提升物体的色彩和质感，加强空间的明暗对比，打造艺术氛围。

▼实景图

利用嵌入式大光束角的射灯为走廊提供基础亮度，在走廊顶端离墙 250mm 的位置设置一盏射灯，照亮墙面，光线不仅突出了墙面装饰画，而且还在墙上形成了好看的光斑，聚焦人们的目光，营造艺术展示空间的氛围。

▼照明平面图

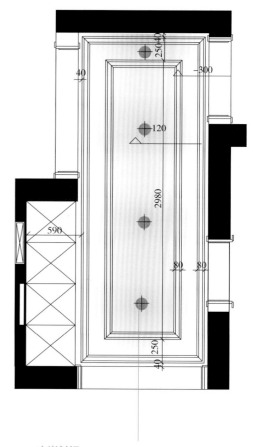

内嵌射灯

（LED 芯片 5W/350lm/5700K）

走廊空间狭长，选择嵌入式大光束角的射灯安装在玄关正中，等距的排列能让光线均匀地照亮空间。

射灯灯具的选择技巧

①选择 LED 芯片，因为 LED 光源光效高，光斑均匀无杂斑，能够创造优质照明效果，并且使用寿命长，性价比高。

②有防眩光设计的灯具能创造舒适的光环境，减少眩光对眼睛的伤害。

③选择采用高导热工程塑料一体成型材质的灯具，以防长时间光照下材料过热发生损坏。

射灯与筒灯的区别

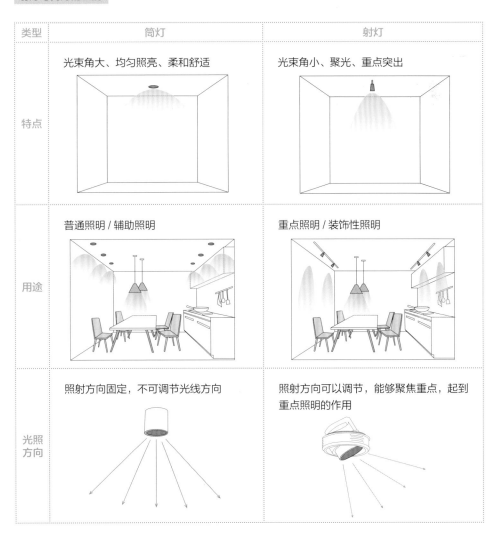

类型	筒灯	射灯
特点	光束角大、均匀照亮、柔和舒适	光束角小、聚光、重点突出
用途	普通照明 / 辅助照明	重点照明 / 装饰性照明
光照方向	照射方向固定，不可调节光线方向	照射方向可以调节，能够聚焦重点，起到重点照明的作用

第二章

客厅照明设计

客厅作为整个家居室内空间的核心，是一家人活动、休憩的空间，它所包含的功能众多，比如看电视、聊天、看书、做瑜伽、桌游等。因此，客厅的照明设计在住宅照明设计中起着至关重要的作用。客厅空间的照明设计应该让人感受到轻松、自如、便捷，营造能释放压力与缓解疲惫的氛围，与此同时还要兼顾美观性、功能性，满足客厅的其他功能需求。

法则 1

多光源打造客厅灯光层次

对于住宅空间来说，客厅所占面积相对来说是最大的，承载的活动功能是最广泛的。因此需要在空间中创建丰富的灯光层次，来满足不同区域的不同功能需求。

整个空间兼具直接照明与间接照明，片状光源、线性光源、点状光源相互呼应，利用泛光与聚光交叠出空间层次。整个空间的直接照明为顶面中央的水晶吊灯，不仅能照亮整个客厅，还有不错的装饰效果。电视正上方安装固定式内嵌筒灯，自上而下投射对电视背景墙达到洗墙效果的同时提供背景照明。而顶面反光灯槽内的灯带作为线性光源，带来柔和的间接照明，照亮顶面。

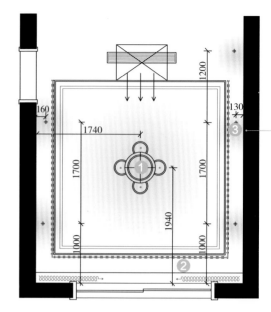

▲照明平面图

① 水晶吊灯

在茶几的正上方安装水晶吊灯进行直接照明，为客厅空间提供主要照明光源，注意吊灯的安装高度要在 2130mm 以上。

② 暗藏灯带

顶棚做了造型处理，设置反光灯槽暗藏灯带，运用间接照明的手法，创造富有层次的光源效果。

▲实景图

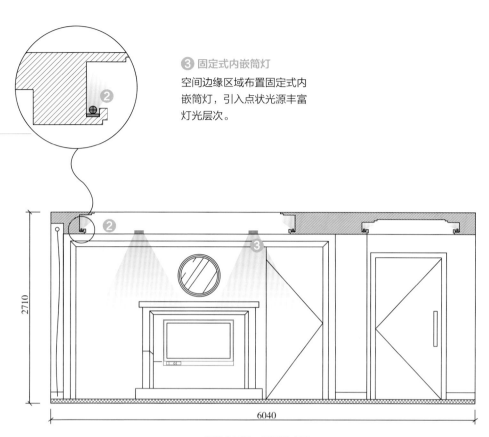

③ 固定式内嵌筒灯

空间边缘区域布置固定式内
嵌筒灯，引入点状光源丰富
灯光层次。

▲照明立面图 + 照明节点图

灯的隐藏方式

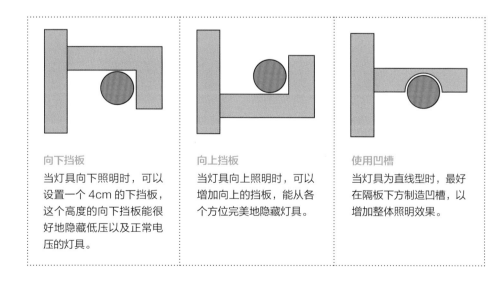

向下挡板

当灯具向下照明时，可以
设置一个 4cm 的下挡板，
这个高度的向下挡板能很
好地隐藏低压以及正常电
压的灯具。

向上挡板

当灯具向上照明时，可以
增加向上的挡板，能从各
个方位完美地隐藏灯具。

使用凹槽

当灯具为直线型时，最好
在隔板下方制造凹槽，以
增加整体照明效果。

法则 2

用丰富的灯光层次打造开敞式客厅的光环境

在住宅设计中，客厅可以是独立的空间，也可以与其他功能分区合并，称之为开敞式客厅。常见的开敞式客厅共有四种：客厅与餐厅结合、客厅与厨房结合、客厅与书房结合、客厅与玄关结合。针对多功能的开敞式客厅的照明设计，需要解决的主要问题是如何区分功能分区和丰富灯光层次，最终目标是打造布局清晰、主次分明的光环境。

▼实景图

客厅区域的吊灯使用半直接光吊灯，既照顾到顶棚又顾及下部空间；餐厅区域的吊灯使用直接光，吊灯单纯照亮下部空间；沙发与背景墙旁边分别设置桌上台灯、大落地灯辅助照明，营造良好的光环境。

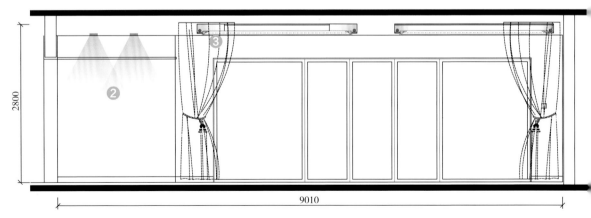

▲照明立面图

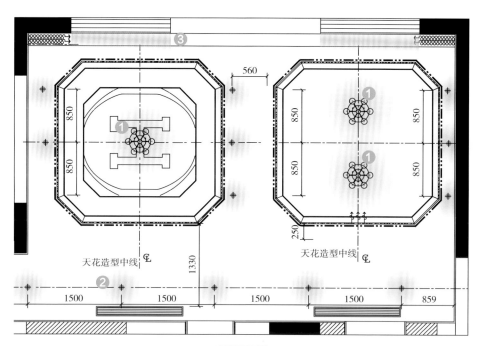

▲ 照明平面图

天花造型中线

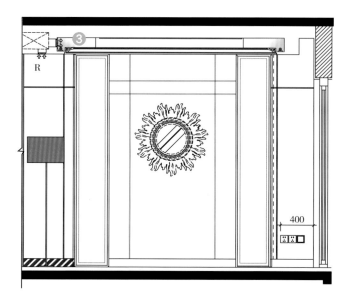

▲ 照明立面图

① 吊灯

从顶棚的造型设计来看整个客厅空间被分为两个区域，两个区域的布光思路相同，顶棚中间使用吊灯作为主要光源进行直接照明。

② 固定式内嵌灯

客厅以及餐厅区域背景墙做了丰富的设计，所以在两边顶棚分别设置两盏固定式内嵌灯，自上而下投光到背景墙上，照亮背景墙，凝聚视觉焦点。

③ 暗藏灯带

在顶棚中安装暗藏灯带作为辅助光源进行间接照明照亮顶棚，保证顶棚以及上部空间的照度。最后在顶棚造型以外的区域均匀分布点状光源，保证整体空间的照度充足。

法则 3

将客厅背景墙作为灯光设计的重点

在一个空间中，照明设计要有主次之分，明确空间重点在哪里之后，利用灯光进行聚焦、突出，从而打造主次分明的照明设计。在客厅中，可以将背景墙作为空间重点，利用嵌灯照亮墙面或装饰物，将视线焦点汇聚于此。

▼实景图

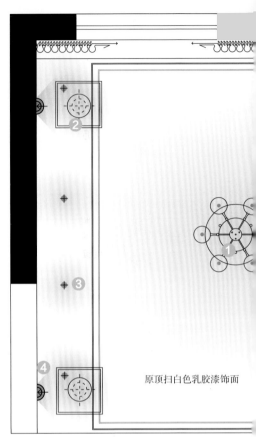

原顶扫白色乳胶漆饰面

▲照明平面图

客厅中灯具应用较为多元，包括吊灯、壁灯、固定式内嵌灯、台灯，布光思路是采用吊灯负责主要照明，加上点状光源辅助照明，再配合壁灯与沙发旁的台灯进行局部照明，制造多层次照明效果。

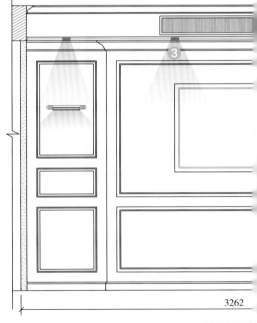

3262

▲照明立面图

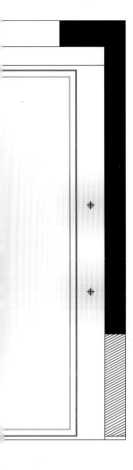

❶ 吊灯

客厅的吊灯为主要照明，吊灯的款式可以根据客厅风格选择。

❷ 台灯

通过沙发旁的台灯进行局部照明，可以制造出多层次的照明效果，也能满足阅读等活动的照明需求。

❸ 固定式内嵌灯

当墙面做了丰富的造型设计时，可以通过固定式内嵌灯强调墙面的造型，将背景墙面作为空间重点。

❹ 造型壁灯

背景墙上的壁灯起到局部照明的作用，设置在背景墙上，可以作为装饰性照明强调视觉注目点。

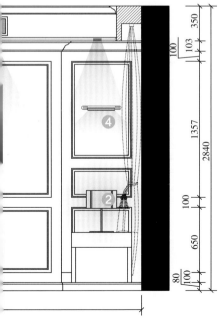

空调和筒灯位置距离

灯具与空调之间的距离推荐为 900mm 以上，或者将空调埋设在墙壁里面，这样就不用担心顶棚的内嵌式灯光照到空调出现不美观的情况。

不良案例 1

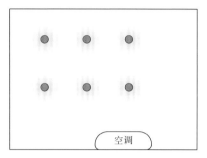

当顶棚使用扩散型内嵌筒灯时，灯光光晕容易照到空调壁挂机上而影响灯光效果。（空调壁挂机厚度约为 300mm）

不良案例 2

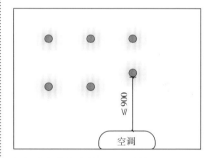

根据筒灯的发光范围可以计算出，灯具应距离空调壁挂机 900mm 以上，灯光才不会照射到壁挂机上。而案例中的光源则距离空调太近。

优化案例

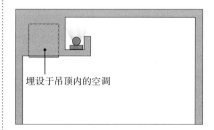

把空调埋设在下垂的吊顶内，灯光就不会照到空调上。

法则 4

利用灯具造型加强空间风格

如果空间内采用主灯照明，即通过传统单一的直接照明创建光域照亮整个空间，那么灯具造型就需要慎重选择，既要保障顶棚与下部空间的照度需求，也要保证灯具风格和室内空间的整体风格相协调，这样才能保证空间的风格统一。

▼实景图

本案例客厅使用了片状光源与点状光源相结合、互为补充的照明手法。客厅的风格属于简欧风，因此选择了偏欧式风格的灯具造型，比如礼帽造型的吊灯和白色丝罩玻璃底座台灯。安装吊灯的同时，在沙发正上方安装射灯，提升局部的光源亮度，同时起到照亮沙发后背景墙的作用。

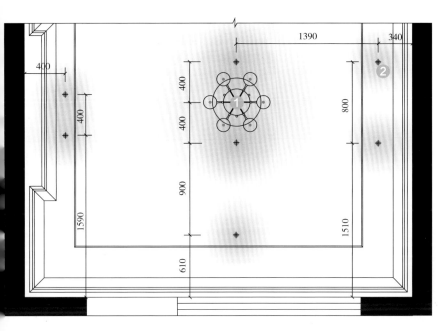

▲照明平面图

1 吊灯

吊灯作为主灯提供直接照明，保证客厅中央部分照度充足。

2 固定式内嵌灯

顶面围绕着吊灯设置固定式内嵌灯形成点状光源，为四周角落空间补充照明。

3 台灯

为了增加灯光层次感，沙发两侧设置台灯作为局部照明。

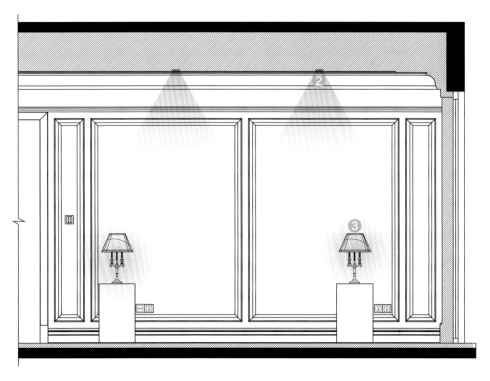

▲照明立面图

法则 5

利用局部照明营造轻奢气质

客厅空间氛围的营造与照明设计息息相关，利用灯光能营造出不同的氛围。比如，要想营造具有轻奢氛围的客厅，灯光照度就不能太高，可以多利用局部照明，打造照度差。

▼实景图

为了营造氛围，客厅照明以低色温的暖色光为主，整体照度也不是很高，与整体的轻奢氛围相适应。因为整个空间的用色比较暗，所以靠墙设置三盏射灯作为局部照明形成洗墙效果，打造视觉焦点。由于主要的沙发区域靠近墙面，因此在沙发两侧放置一对大台灯为空间提供局部照明，以协助主要照明共同打造空间的轻奢氛围。

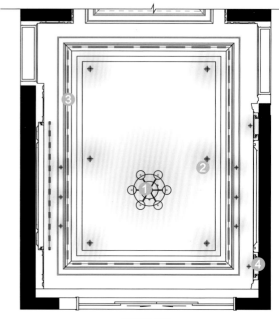

▲照明平面图

① 吊灯

客厅中间使用了可以提供主要照明的吊灯，起到装饰效果的同时，保证垂直下方茶几区域的亮度。

② 固定式内嵌灯

吊顶周围辅助照明的嵌灯主要为筒灯，以此来补充光线，解决吊灯照度不够的问题。顶棚靠近墙面的区域还布置了射灯洗墙，强调视觉焦点。

③ 暗藏灯带

客厅的面积比较大，顶棚造型较复杂，为了突出顶棚造型，顶棚中设置了提供间接照明的暗藏灯带，营造氛围。

④ 壁灯

将壁灯放置在电视墙两侧，照亮墙面之余，也可以起到营造氛围的作用。

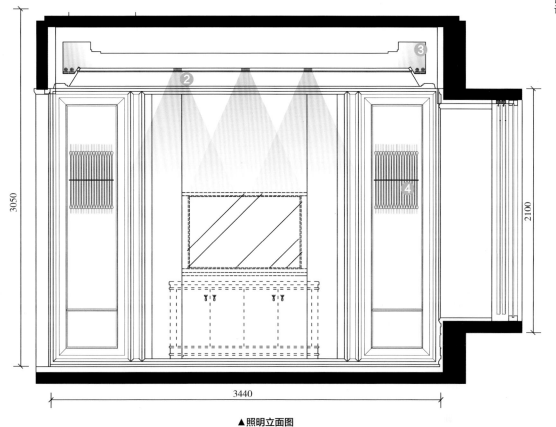

▲照明立面图

电视背景墙的照明方式

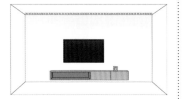

从上方照亮背景墙

使用筒灯

◆优点：安装成本较低，施工条件简单，便于施工

◆缺点：照明光线不柔和，容易形成"洞穴"

◆安装：选择配光角度适中的筒灯，安装位置距离墙面150mm

使用线条灯

◆优点：照明光线柔和，能够均匀照亮墙面

◆缺点：对墙面的平整度要求较高

◆安装：安装位置距离墙面150mm，遮光板的高度保证在150~200mm之间

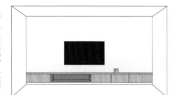

从下方照亮背景墙

◆优点：灯带隐藏在家具后面，向上发光，营造轻松温馨的氛围

◆缺点：需要搭配其他光源

◆安装：灯带遮光板与家具之间的高度差最好保持在20mm。为了保证散热正常，灯槽的宽度要稍微比灯具宽一点，留出空间

法则 6

丰富灯光层次时使用小吊灯作为局部照明

在进行客厅的照明设计时，在呼应室内风格的基础上，还应将重点放在打造丰富的灯光层次上，有层次的灯光能有效地丰富空间内涵。在多层次的照明设计中，吊灯除了能作为主要照明，一些款式新颖、造型精巧的小吊灯也可以作为局部照明代替台灯或壁灯，丰富灯光层次。

▼实景图

客厅风格属于现代北欧风，色彩清新、丰富、和谐统一。为了满足沙发区域的阅读等活动需求，在沙发两侧设置照明光源，本案例选择了在顶棚安装小吊灯，这样不仅满足了区域照明的需求，也成为视觉上的点睛之笔。

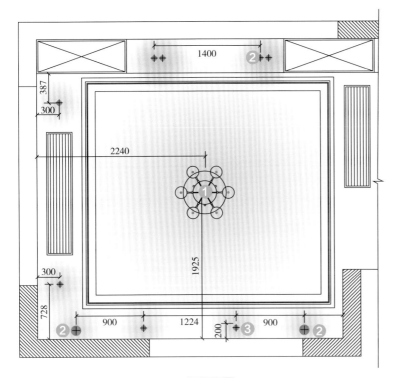

▲ 照明平面图

① 吸顶灯

顶棚板做了造型，使用片状光源与点状光源相结合增加空间照明层次，顶棚中央区域设置吸顶灯作为主要照明。

② 吊灯

沙发两侧安装小吊灯在中等高度进行照明。

③ 固定式内嵌灯

顶棚设置 2 盏嵌灯投射到沙发后背景墙上达到洗墙的目的，同时顶棚造型外围采用固定式内嵌灯辅助照明。

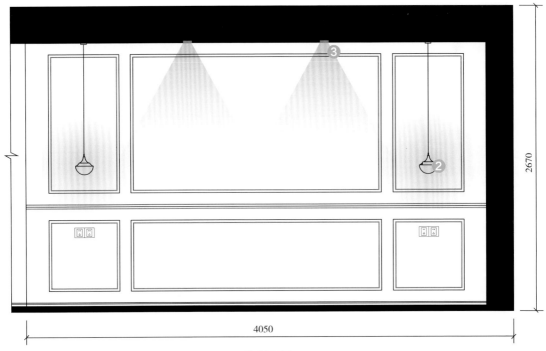

▲ 照明立面图

法则 7

配光角度较大的固定式内嵌筒灯作为主灯

在进行客厅照明设计时，筒灯既可以作为主要照明，也可以作为局部照明。作为主要照明时，要选用配光角度较大的筒灯，并且要均匀排布，才能保证照度均匀，使客厅每个部分都能得到相同的光线。

▼实景图

均匀分布的筒灯可以提供均匀的照度，为了增加照明的层次感，选择在沙发两侧放置台灯，同时背后安装筒灯照射背景墙，提供背景照明。另外，在空间中设置压花玻璃隔断，当灯光照射到压花玻璃时，会呈现出极具魅力的渐变效果。当光源距离较远时玻璃上还会呈现出光带效果。

客厅筒灯布局方案

- 等距离布置灯具，可以获得均匀的照度
- 照明没有主次，整体氛围比较单调

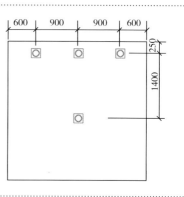

- 主墙一侧布置 3 个，中央桌面上方也安装 1 个，保证水平面的亮度
- 将人的视线集中于内侧墙上，增加视觉上的明亮感
- 墙上如果有装饰物，更能营造氛围

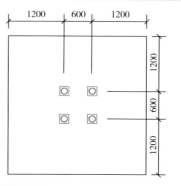

- 集中安装在顶棚中央，使亮处集中在客厅中央
- 墙面会显得较暗，可以在墙面处搭配间接照明

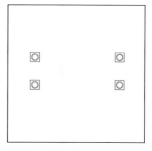

- 两端墙面各 2 个，使两侧墙面显得更亮，如果墙上有装饰物，更能突出氛围
- 桌面也能被照亮，可以搭配落地灯，这样就能更有意境

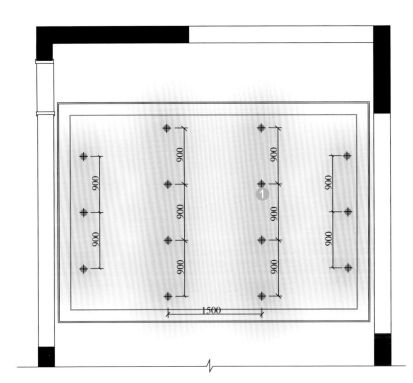

▲ 照明平面图

固定式内嵌筒灯

① **固定式内嵌筒灯**

客厅布灯方式采用无主灯设计，筒灯均匀分布在顶棚，为空间提供均匀照明。相比于空间内只安装一盏主灯进行主要照明的布光思路，均匀分布的固定式内嵌筒灯创建的光域范围更大，光线更统一均匀，不容易出现中间光照集中而四周光照不足的照明断层现象。

② **台灯**

除了在顶棚安装均匀分布的固定式内嵌筒灯，在沙发两侧放置大台灯作为局部照明，起到补充照明的作用。

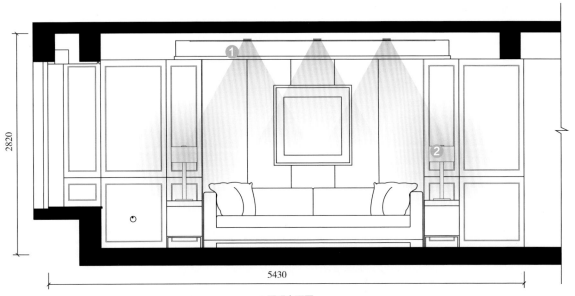

▲ 照明立面图

法则 8

固定式明装筒灯丰富顶棚的视觉效果

　　当空间内家具较多，但顶棚比较空白的时候，整个空间在视觉上会处于一种失衡的状态。这时适当地使用明装灯具可以中和失衡感。明装式筒灯相较于内嵌式筒灯更具视觉感。另外，也可以将明装式筒灯与内嵌式筒灯结合使用。

客厅采用了明装式筒灯与内嵌式筒灯相结合的无主灯设计。与内嵌式筒灯相比，明装式筒灯不需要吊顶，存在感更强，能起到低调的装饰作用。另外，在沙发旁设置落地灯进行补充照明，增加灯光层次。

▲实景图

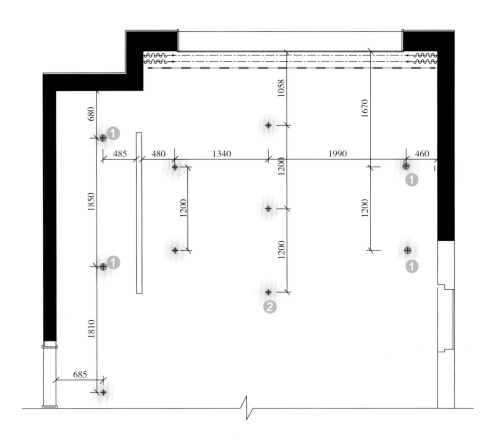

▲照明平面图

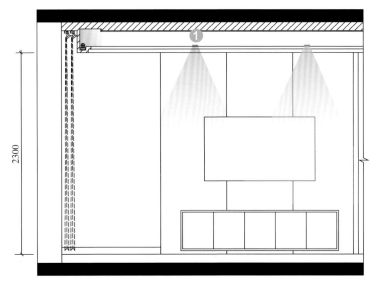

▲照明立面图

❶ 固定式明装筒灯

使用固定式明装筒灯作为局部照明，对背景墙进行焦点强调。

❷ 固定式内嵌筒灯

固定式内嵌筒灯提供主要照明。为了保证空间各个区域照度均衡，筒灯需要均匀排列。

法则 9

超大落地灯既能装饰空间又能辅助照明

　　一般情况下，客厅中会选择吊灯作为主灯，但也可以尝试选择其他的灯具，在达到照明效果的同时营造别样的视觉感受。比如用分散的内嵌式筒灯提供主要照明，形成无主灯的照明效果，再加入造型较夸张的落地灯、台灯等作为辅助照明，这样不仅能够丰富灯光层次，还能为空间加入新的视觉焦点，使空间更有意趣。

▼实景图

氛围独特的客厅空间里，超大落地灯成为全场的焦点，为了不喧宾夺主，顶棚没有设置主灯，而是用内嵌式筒灯保持顶面的简洁感，这样整个客厅看上去层次饱满，且不会有凌乱的感觉。

客厅落地灯尺寸与款式选择

选择钓鱼落地灯要注意层高，建议落地灯最高处距离顶棚留出400mm以上的空间，如果要照亮茶几，落地灯到茶几的距离不能超过2200mm。对于直立落地灯，只要层高不低于2.8m，就可以选择高度1.8m左右的款式，如果层高不足2.8m，只能选择高度1.4m左右的小型落地灯。阅读落地灯的高度一般在1.3m左右即可。

钓鱼落地灯

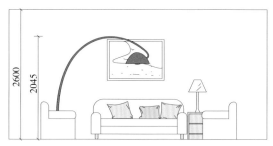

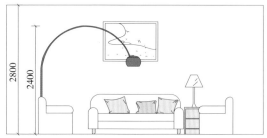

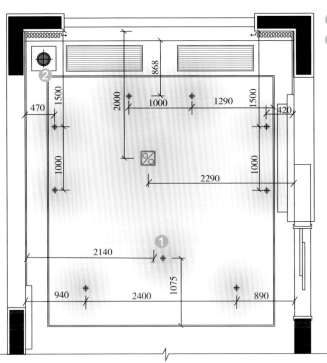

▲照明平面图

① 固定式内嵌灯
② 落地灯

固定式内嵌灯、落地灯

采用主要照明结合辅助照明的思路，通过在天花板均匀分布筒灯，替代传统吊灯作为基础光源，形成无主灯照明体系。落地灯通过局部补光（如阅读角、装饰区域）或氛围营造（如暖光渲染），补充主光源无法覆盖的细节，同时作为视觉焦点增强空间层次感。

直立落地灯

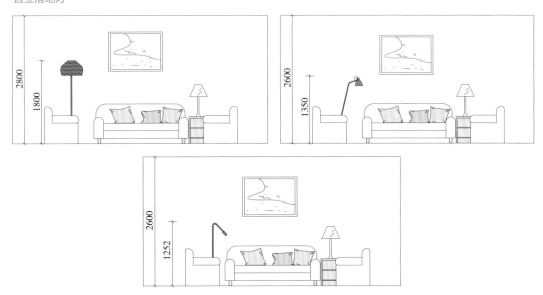

法则 10

设置两种台灯负责中低部空间辅助照明

　　为了让照明设计更有层次感，可以设置高、中、低三个层次的光源。高处光源一般设置在顶棚，提供主要照明；中、低部光源主要负责空间的局部照明，常见的灯具有台灯、落地灯、壁灯等。如果空间底部家具数量较多，可以增加中部和高处的光源数量，平衡空间感。走廊、玄关等底部家具较少的功能区，就要考虑增加底部照明。

▼实景图

　　本案例客厅的风格比较随性活泼，为了在照明设计中体现这一氛围，采用了不对称的台灯布置。在沙发两侧使用了不同高度的台灯，色彩统一为白色，变化中形成统一。较高的落地台灯补充中部的光照，较矮的台灯则为底部空间补充光线，使空间照度在高中低三个部分达到平衡。

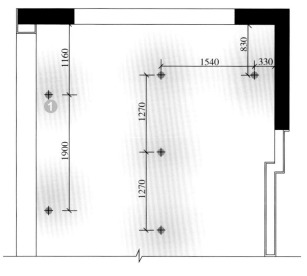

▲照明平面图

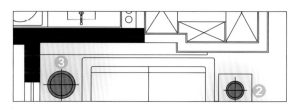

▲局部平面

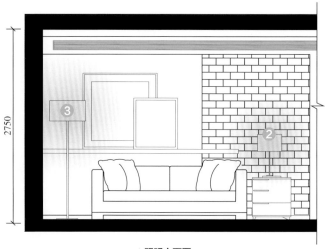

▲照明立面图

❶ 固定式内嵌灯

主要照明灯具选择固定式内嵌筒灯，安装在顶棚，提供点状光源均匀柔和地照亮整个空间。

❷ 台灯 ❸ 落地台灯

使用两种类型的台灯分别放置在沙发两侧作为局部照明，沙发左手边的较高落地台灯负责中部空间的局部照明；沙发右手边的台灯负责底部空间的局部照明，形成丰富的照明层次。

法则 11

摆臂式壁灯作为空间内次重点区域直接照明

　　空间内灯光设置要有主有次才能打造出层次丰富又和谐的光环境。如果空间存在两个重点区域，可以在做好主区域照明的基础上，在次重点区域使用较小的直接照明起到强调功能区的作用。

▼实景图

　　本案例客厅空间存在两个重点功能区，一个是客厅中央的休闲区，另一个是位于角落的工作区。在做好基础照明的基础上，增加直接照明强调重点功能区：中心区域使用吊灯，工作区使用摆臂式壁灯作为空间内次重点区域的直接照明。

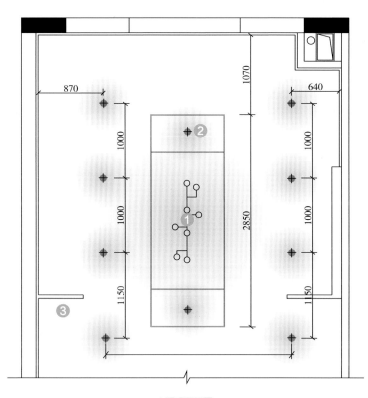

870

1070

640

1000

1000

2850

1000

1000

1150

1150

❶ 吊灯

❷ 固定式内嵌灯

❸ 摇臂式壁灯

▲ 照明平面图

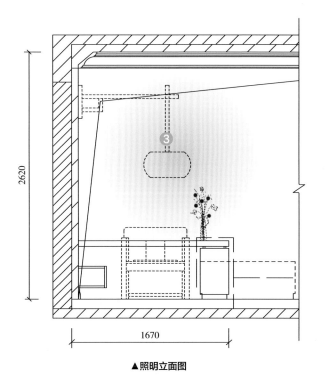

2620

1670

▲ 照明立面图

吊灯、固定式内嵌灯、摇臂式壁灯

客厅空间使用造型吊灯作为主光源进行直接照明，主光源外围安装固定式内嵌灯作为辅助照明，这样既保证了对中央重点区域的照明，又让中心以外的空间能够接收到均匀、明亮的光线。摇臂式壁灯则为工作区域进行直接照明，满足书写、阅读等需求。

法则 12

小孔径内嵌式灯具组合打造整洁空间

与大户型相比，面积较小的空间为了保证简洁感，设计重点会放在功能性和实用性上。灯光设计也是一样，为了保证顶棚的整洁、利落，会使用小孔径的内嵌式灯具组合代替吊顶、吸顶灯，以打造宽敞、明亮的整体空间氛围。

▲实景图

主灯设计虽然能够保证整体亮度需求，但是极易存在照明死角，无法顾及一些细节部分。此空间摒弃了传统的主灯设计，而是采用均匀排布的内嵌式灯具，以及分散的点状光源，能够很好地照顾到一些细节位置。同时，因为客厅面积较小，因此使用小孔径的内嵌式灯具也能提供足够的照度，并会让顶棚看起来更宽敞，起到放大空间的作用。

无主灯照明

简单来说主灯照明是利用一两盏吸顶灯、造型灯来奠定整体照明基础。无主灯照明则是以点状分布在顶棚板的小筒灯来代替主灯。

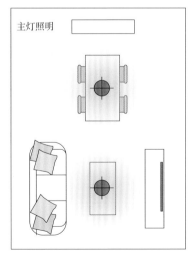

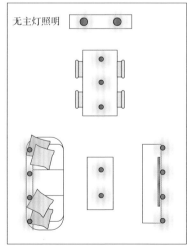

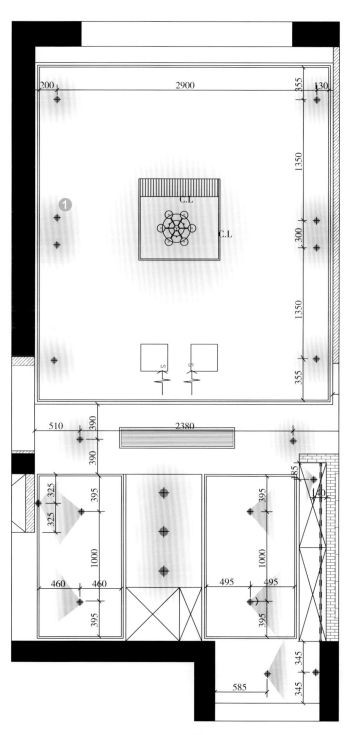

1 固定式内嵌灯

因为空间面积比较小，所以选择无主灯设计，采用筒灯、射灯等多种固定式内嵌灯的组合模式。这种照明模式能够在满足整体空间照度要求的前提下，让空间在视觉上显得更高。

▲照明平面图

第三章

餐厅照明设计

餐厅是整个住宅空间中除客厅外，最常使用的实用性功能空间，同时也是家人、亲友共处的重要场所。在住宅设计中，餐厅与其他空间相比，少了一种封闭感，多为开敞式空间，有时还能起到过渡客厅与厨房两个空间的作用。因为餐厅空间相对而言减少了墙体的包围感，所以更需要通过灯光配置满足功能需求，营造空间氛围，强调空间功能。

法则 1

组合光源保证充足照度

很多户型中餐厅并不是一个单一功能空间，有许多餐厅兼具书房功能、厨房功能等，有可能会在餐桌上进行工作、书写、阅读或者是准备食材等活动。当空间兼具多种功能时，空间内的灯光设计就需要更加灵活、复杂，最好设置组合光源来保证不同活动的照度需求。

空间中使用多种光源的组合进行照明。考虑到餐厅功能特性，就餐时需要高亮度照明，就餐区域使用吊灯打亮食物增加食欲。为弥补就餐区域以外的照度要求，使用明装筒灯补充照明，提高整体环境照度，满足功能需求。

▲实景图

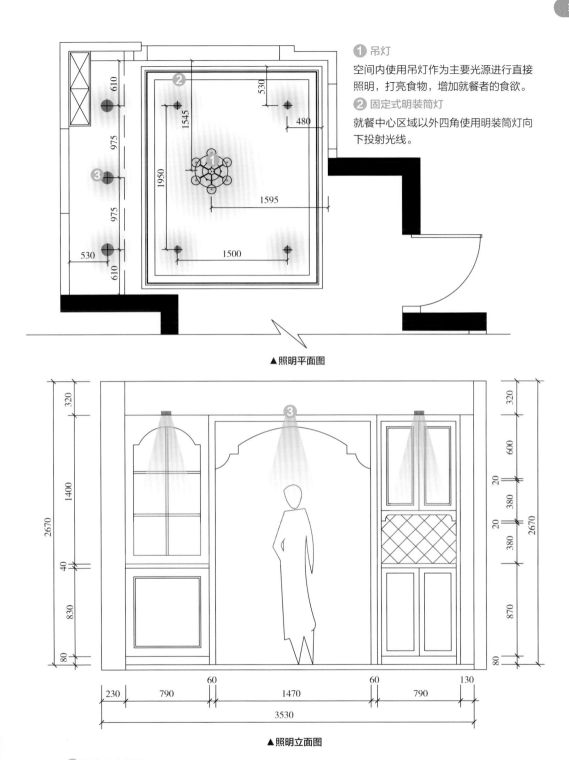

1 吊灯

空间内使用吊灯作为主要光源进行直接照明，打亮食物，增加就餐者的食欲。

2 固定式明装筒灯

就餐中心区域以外四角使用明装筒灯向下投射光线。

▲ 照明平面图

▲ 照明立面图

3 固定式内嵌灯

与餐厅就餐区域的明装筒灯不同，过渡区域使用小孔径嵌灯满足使用需求，采用了用不同孔径灯满足功能区域不同使用需求的布光思路。

法则 2

巧妙利用物理反射提高照度

对餐厅进行照明设计时，必须考虑到人们的就餐体验感。一般来说，在昏暗的地方就餐，就餐的幸福感会较低，所以明亮是餐厅功能区域的基本要求。提高空间内整体照度除了布置更多灯具外，还可以利用镜面、玻璃等材质进行光线的物理反射，从而提高空间整体明度。

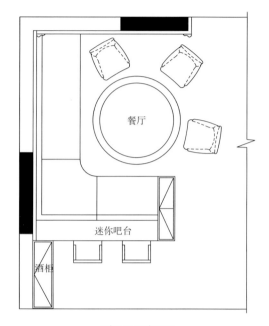

▲餐厅平面布置图

▼实景图

餐厅中心就餐区顶棚只用一盏固定式内嵌筒灯创建光域，搭配明镜吊顶，可以弥补空间狭小，环境亮度不足的缺陷。立面设置一整面镜子墙，通过镜子对光的反射，丰富光线层次，提高整体空间亮度。另外，镜子使用金属条进行装饰，与地面造型呼应，凸显空间精致感。

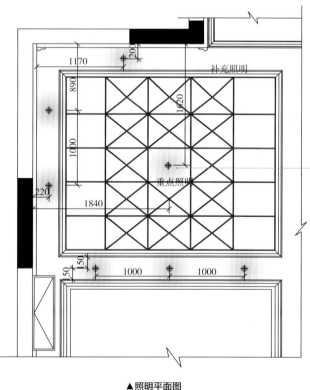

▲照明平面图

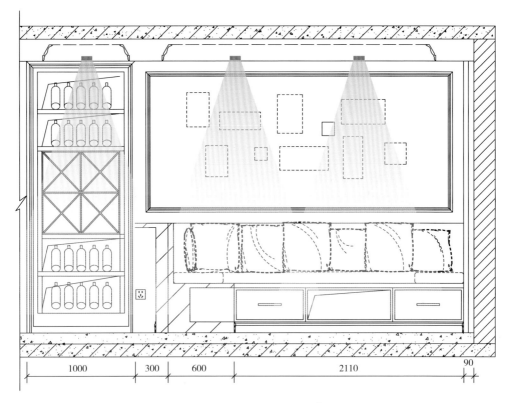

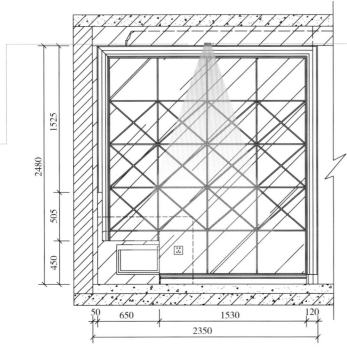

固定式内嵌灯

空间的就餐区域比较小，并且空间内还包括一个迷你吧台和酒柜。采用适合小空间餐厅的布光思路，巧妙利用镜子对光的反射作用，拓宽空间的同时提高空间照度。为保证就餐区域照明，餐桌正上方安装固定式内嵌筒灯进行重点照明，就餐区域外补充照明。

▲照明立面图

法则 3

顶棚光影强调戏剧性视觉效果

空间视觉效果的打造离不开照明设计，照明设计的灵活应用是提升整体空间精致立体感的关键。常规的照明设计主要关注顶棚下部空间中的照明效果，但其实着眼于顶棚上部，利用光影也能打造出不错的视觉效果。

▼实景图

餐桌上方悬吊装饰性吊灯，吊灯在开灯的情况下金属仿生树枝的光影能够投射到顶棚上，甚至映照到餐桌上，为空间增添戏剧性效果，在空间中成为焦点，给人留下深刻印象。

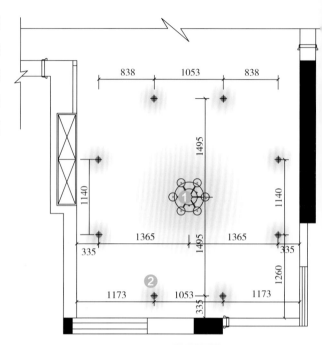

▲ 照明平面图

❶ 吊灯

餐厅中心区域使用装饰性吊灯作为主要光源向下进行直接照明，保证餐桌桌面照度，同时也能为空间增加装饰效果。

❷ 固定式内嵌灯

在顶棚周围区域结合固定式内嵌灯辅助照明外，在柜体内安装射灯为柜内酒瓶餐具提供局部照明。

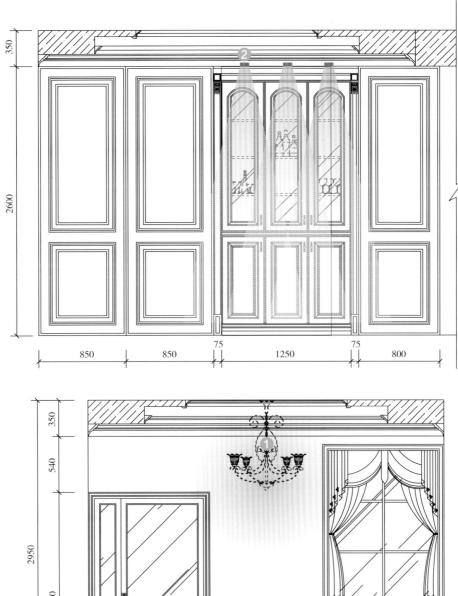

350

2600

850   850   75   1250   75   800

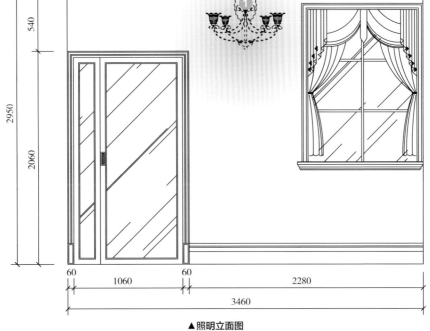

350

540

2950

2060

60   1060   60   2280

3460

▲ 照明立面图

法则 4

应用体积感较弱的水晶材质灯具

在布光时所要遵循的基本原则之一就是美观性，带有杂乱灯具的顶棚会带来视觉的不适感，整洁、明亮的空间才是舒服居住的基本条件。所以在灯光设计中，要特别关注灯具的体积感，做到适当隐藏、适当暴露。水晶材质的灯具因为透明度高的材质特点，可以减少灯具的体积感，即使造型复杂的水晶吊灯，也不容易让顶棚看起来拥挤。

餐厅面积比较小，但是为了呼应室内风格与就餐区域的长度，需要采用造型设计复杂的吊灯。本案例中的吊灯为透明的水晶材料，一定程度上减少了复杂灯具在空间内的存在感，避免因烦琐灯具的设置而出现空间压迫感。

▲实景图

小空间设置吊灯的主要原则

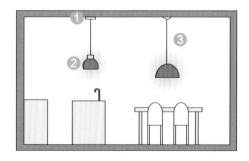

1 选择体积小、简约的灯座，或者将灯座预埋设在吊顶中。

2 选择透明灯罩，半直接光吊灯，保证顶棚也能被照亮。

3 通常吊灯距离桌面为700mm，但体积大的吊灯距离桌面太低会产生压迫感，可根据实际情况提前感受，确认灯具高度。

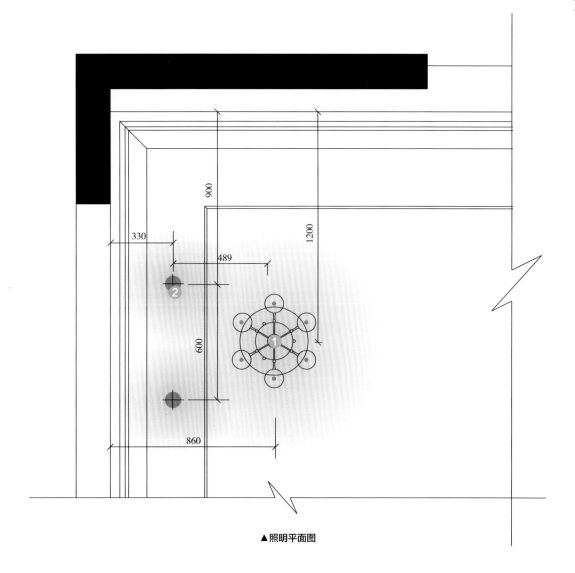

▲**照明平面图**

① 吊灯

餐桌正上方的吊灯可以保证在用餐时餐桌有足够的亮度，吊灯的直接照明可以让食物有更好的色泽。

② 固定式内嵌灯

沿墙设置内嵌灯照亮墙面，起到补充照明的作用，内嵌式的灯具不会给顶棚带来过多压力，反而可以让顶棚看起来更加整洁。

法则 5

暴露梁空间的照明设计应用

　　有些住宅设计会选择保留空间原本的梁结构，以增强建筑的原生感。这种空间建议使用在梁上安装照明射灯或者长线吊灯的布光思路。

▼实景图

餐厅空间设计了装饰性假梁，用于区分餐厅与过道的空间。梁下使用长线吊灯，发光类型为直接光，目的是照亮下部空间，同时结合窗台上方短线吊灯作为辅助照明，能够保证整体空间照度。

暴露梁结构的空间中灯具的安装位置

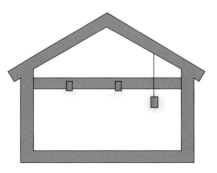

保证工作照明的射灯

射灯可以设置在亮度要求较高的位置，可选择与房梁相近颜色的灯具，以减弱灯具的存在感。

保证空间整体照度的吊灯

为了保证空间整体照度，选用吊灯最合适。吊灯在垂吊时，光源的位置位于梁的下方，因此，地面不会出现梁的影子。

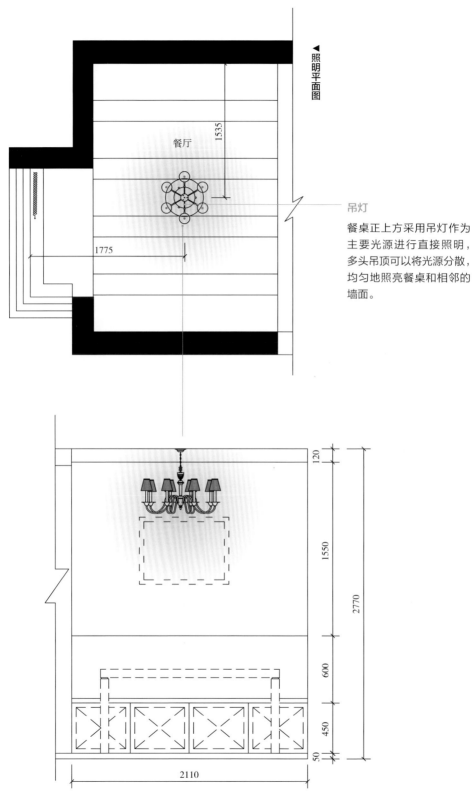

餐厅

1535

1775

吊灯

餐桌正上方采用吊灯作为主要光源进行直接照明，多头吊顶可以将光源分散，均匀地照亮餐桌和相邻的墙面。

120

1550

2770

600

450

50

2110

▲照明立面图

法则 6

造型吊灯适应空间风格、氛围

　　灯具的作用并不局限于照亮空间，其也是室内风格的塑造者。在进行照明设计时，除了考虑照度、安装位置等问题，要注意灯具造型是否与整体风格、氛围呼应，如果使用与空间风格格格不入的灯具造型，会破坏空间整体的风格。

　　餐厅与客厅相邻，两个功能区共同构成开敞式空间，可借助顶棚造型进行功能划分。餐厅区域将吊灯与固定式内嵌灯相结合，打出的灯光能使玻璃和陶瓷制品熠熠生辉，将餐具映衬得更加精致好看。餐边酒柜安装暗藏灯带进行局部照明，使空间内灯光层次更加多样。除此之外，吊灯的造型在空间中也起到画龙点睛的作用，装饰吊灯在视觉上增添精致高贵的气质，呼应空间总体风格特点。

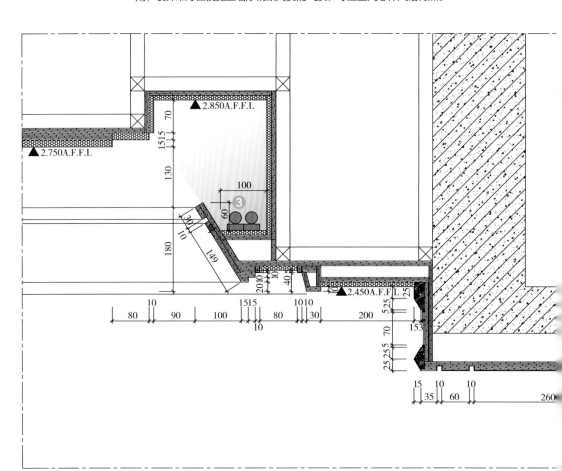

▲实景图

吊灯、固定式内嵌灯、
暗藏灯带

餐桌正上方吊灯作为主
要光源进行照明，外
围使用固定式内嵌灯
进行辅助照明，顶棚
内部暗装灯带提供间
接照明保证顶棚亮度。

1 吊灯　**2** 固定式内嵌灯　**3** 暗藏灯带

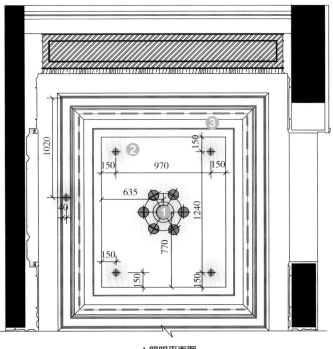

▲照明平面图

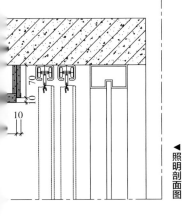

▲照明剖面图

法则 7

精品造型吊灯灵活照明

吊灯在照明设计中是最常使用的灯具之一，不仅仅能够提供直接照明，充满设计感的吊灯灯具还能增加空间的质感。

此空间中的吊灯造型属于偏现代感的铁杆灯具，灯具与空间风格氛围相呼应，两者都属于现代风格。空间采用冷色系配色，如大面积的靛蓝色，柜子与洗手台的配色采用白色结合冷棕色和黑色。因此，根据空间的配色规则，灯具选用古铜色灯罩结合黑色灯杆，呼应空间气质。另外，因餐桌台面比较长，这就要求主光源灯具也有一定的宽度，所以这种分散灯管造型设计的灯具，恰好能够在满足照明功能需求的基础上美化空间。

▲实景图

一房一灯与多灯分散所呈现的感觉

一房一灯

仅用一盏吊灯或吸顶灯照亮整个空间。一房一灯所呈现出来的感觉是室内亮度均等，形成的气氛较为平淡、普通。

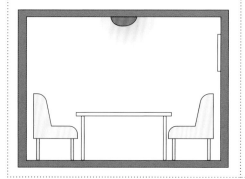

多灯分散

将照明器具装在不同高度和区域，与一房一灯相比，空间的立体感更为明显。另外，还可以按照用途来选择具体的照明灯具的开关。

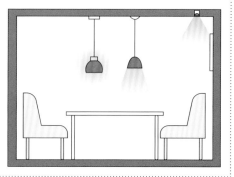

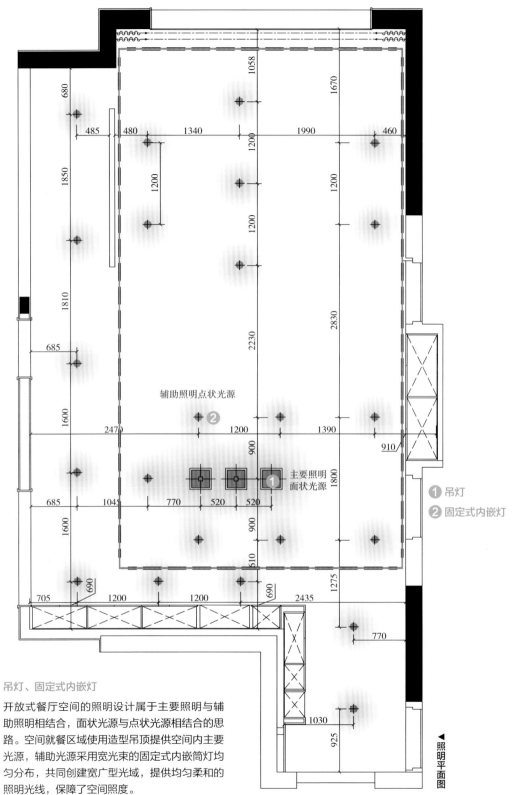

680
1058
1670
485 480 1340 1200 1990 460
1850
1200
1200
1200
1810
2830
685
2230
1600
辅助照明点状光源
2470 **2** 1200 1390
910
900
685 1045 770 520 520
主要照明
面状光源 **1**
1800
1600
900

1 吊灯
2 固定式内嵌灯

510
705 1200 1200 2435
690 690 1275
770
1030
925

吊灯、固定式内嵌灯

开放式餐厅空间的照明设计属于主要照明与辅
助照明相结合，面状光源与点状光源相结合的思
路。空间就餐区域使用造型吊顶提供空间内主要
光源，辅助光源采用宽光束的固定式内嵌筒灯均
匀分布，共同创建宽广型光域，提供均匀柔和的
照明光线，保障了空间照度。

▲ 照明平面图

法则 8

长线吊灯打造温馨就餐氛围

▼实景图

餐厅必须要有足够强的下照光
线来照亮桌面，创造焦点，所以餐
厅的主要照明通常由吊灯来完成。
本案例使用暖色光源的长线吊灯营
造就餐和谈话的愉悦气氛。

餐桌正上方使用直接光型长线吊灯，降低
照明高度，提高照明亮度，显得桌上餐具
愈加明亮，就餐氛围更加舒适，这样，人
与人之间的距离就越接近。同时，投射暖
黄色灯光，能营造出温馨的气氛。

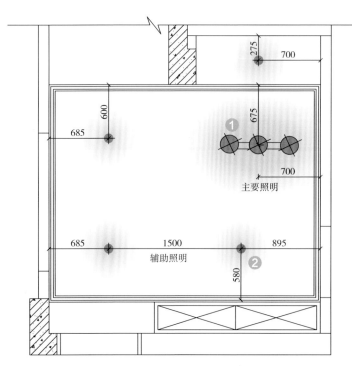

▲ 照明平面图

❶ 吊灯
❷ 固定式内嵌灯

吊灯、固定式内嵌灯

从平面图上来看，通过主要
照明结合辅助照明来创建光
环境，保证空间内整体灯
光照度。吊灯向下直接照明
为空间提供主要光源，照顾
到就餐以外的空间照度，使
用嵌灯进行补充照明。从立
面空间来看，餐厅的灯光布
置采用高中低结合的有层次
的布光思路，最高的层次是
直接嵌入顶棚的广角型内嵌
灯，然后是位于装饰吊顶的
洗墙灯，最后是长线吊灯。

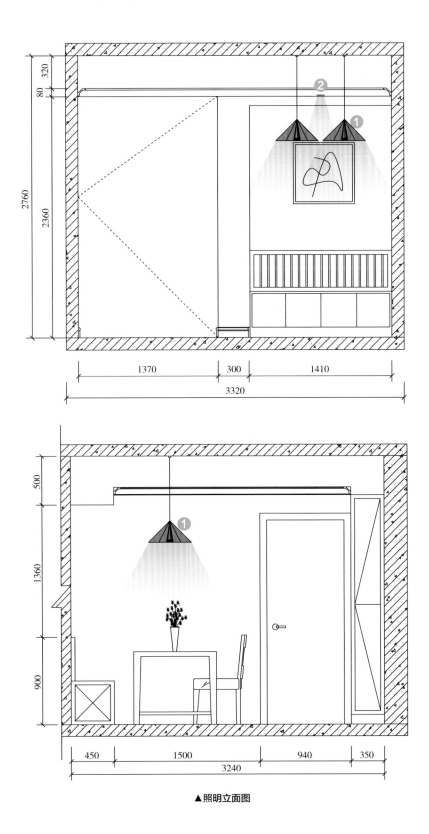

▲照明立面图

法则 9

轨道射灯结合吊灯的照明应用

组合灯具是最常见的营造丰富灯光层次的方法，不同的灯具类型的组合使用能碰撞出不一样的火花，如使用轨道射灯与吊灯，实现直接照明与局部照明结合，吊灯向下投射直接光，满足空间的基础照明，轨道射灯为空间提供装饰性照明。

▲实景图

餐厅的照明设计非常简单，但呈现出来的整体感觉却很不一样。选用了造型独特的风扇灯作为主灯，不仅提供了基础照明，而且与室内风格非常呼应，装饰效果极佳。靠着背景墙的一侧布置几盏轨道射灯，照亮墙面的装饰画，为餐厅增添局部照明，除了创造视觉重点外，也能丰富餐厅的灯光层次。

照明轨道灯安装方法

安装方法	特点	图示
照明轨道外露	照明轨道外露的安装方法比较简单方便，但灯具在顶棚上比较突出，会影响顶棚整洁感，但安装于特殊风格空间中就不会觉得突兀。	
照明轨道埋设（分为预设框架与直接埋设两种）	预设框架的特点是统一预设节省时间，但是存在轨道尺寸预留偏大的风险。	
	直接埋设能规避轨道尺寸预留偏大的风险，还能使顶棚更整洁、利落，但其施工耗时较长。	

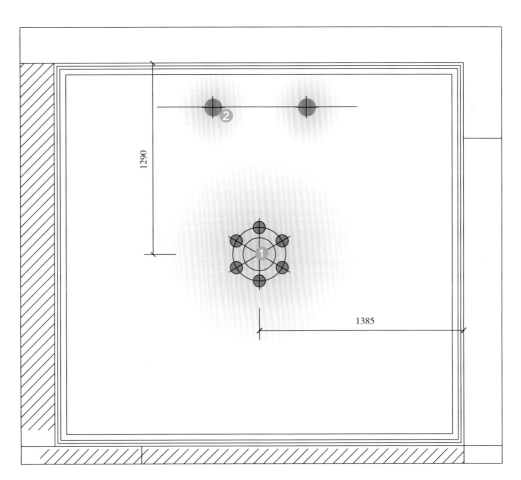

▲照明平面图

❶ 吊灯

餐厅就餐区域上方安装造型吊灯为空间提供基础照明。

❷ 轨道射灯

在餐厅一侧墙面安装导轨射灯进行重点照明。

法则 10

组合灯盘配合暗藏灯带丰富就餐环境

如果将筒灯分散排布，虽然整个空间可以变得明亮，但是极易在顶棚出现
"洞穴"，也就是光线照不到的地方，顶棚会因为光影斑驳而显得杂乱。为了避免
这种情况的发生，可以在顶棚使用组合灯盘，这样能使顶棚显得干净、利落。因
为组合灯盘能够任意调节光线照射角度，正好补全"洞穴"。

▼实景图

现代风的餐厅强调简约、整洁，于是顶棚使用组合灯盘作为主要照明。分散设置八组组合灯盘解决空间整
体照明问题，确保亮度的同时，使顶棚看起来更加简约、整洁。另外，暗藏灯带提供间接照明，暖黄色的
灯光，光线柔和、舒适，营造出温馨的就餐氛围。

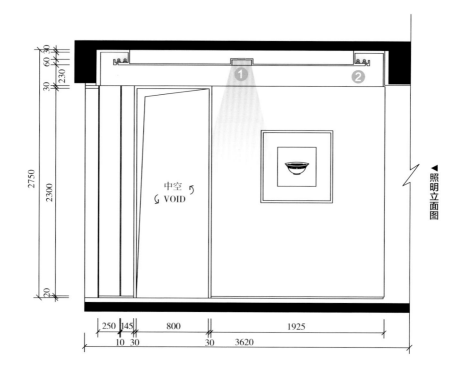

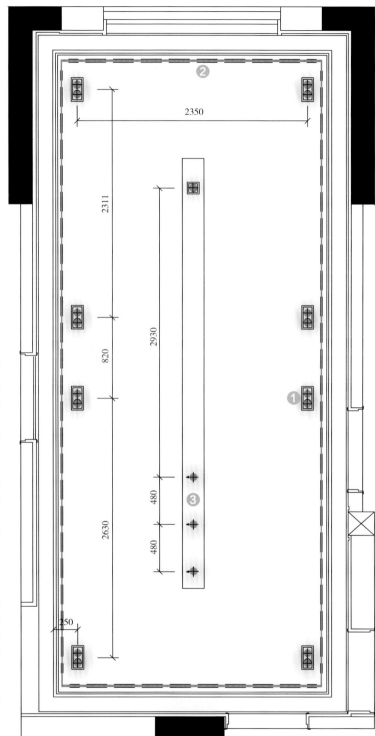

1 组合灯盘

组合灯盘内一般有两个可调节的筒灯，光线范围更广，可以轻松让光线覆盖顶面各个角落。组合灯盘还可以用于装饰性照明，将灯光调节角度照射到餐厅背景墙上的装饰画，可以凝聚视觉焦点，在此基础上灯光投射到墙上形成光晕，也起到了装饰背景墙的作用。

2 暗藏灯带

围绕着组合灯盘的是可以提供间接照明的暗藏灯带，在灯槽内向上投射光线，经顶面反射后照向地面，能使光线更加柔和，也丰富了室内灯光的层次。

3 固定式内嵌灯

▲照明平面图

第四章

卧室照明设计

卧室是让人休息、放松的地方，夜晚躺在床上的时候，被温暖、柔和的光线氛围包裹，能够让人去除一天的压力与紧张。卧室的主要功能是休息与收纳，私密性较高，对于照度的要求不是很高，灯光设计的重点是营造宁静、温馨的氛围。

法则 1

以暖色光为主营造舒适光环境

根据卧室的功能特性，卧室空间的氛围应该是舒适、沉稳的，能够帮助人们养精蓄锐、调整身心，所以空间的光环境营造，应以舒适感为最终目的。可以考虑氛围舒适、功能合理、亮度适中的灯光，应该以暖色为主，再结合室内风格搭配合适的灯具。

▼实景图

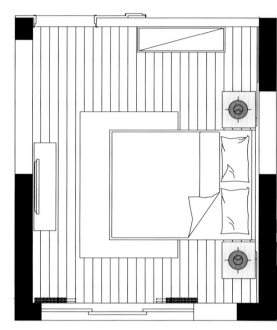

▲平面布置图

以暖黄色光源为基础色调进行光环境的塑造，光线柔和不伤眼，能够为卧室带来宁静、沉稳、静谧的氛围，帮助提高睡眠质量。本案例床头背景墙使用线条设计，利用不锈钢金属条增加质感，不锈钢条能对光进行反射，在细节上增加光环境氛围。

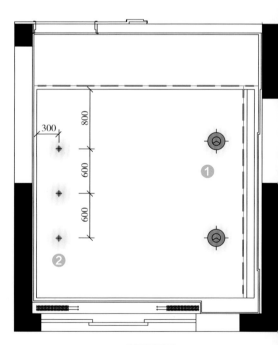

▲照明平面图

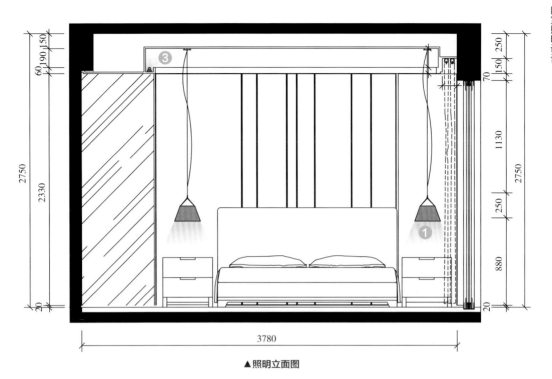

▲ 照明立面图

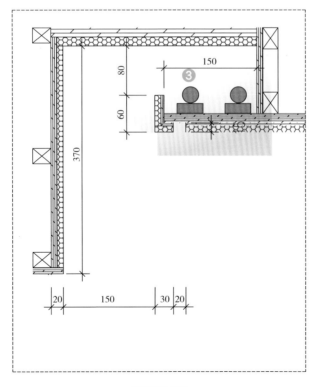

▲ 照明节点图

1 吊灯

2 射灯

3 暗藏灯带

吊灯、射灯、暗藏灯带

空间中主要利用顶棚中的暗藏灯带结合长线吊灯进行照明，同时在电视上方安装三盏带方向性的射灯作为局部补充照明，丰富灯光层次。长线吊灯充当床头的主要照明，满足睡前阅读和起夜的功能需求。

法则 2

床头造型灯打造丰富灯光效果

床头灯能很好地营造卧室的睡眠氛围。床头灯光的氛围营造可以从三方面入手，即使用需求、色温和灯具种类。其中，使用需求要明确灯具是用于睡前阅读，还是起夜照明，还是用作装饰；色温越低灯光越暖，色温在 3000~4000K 之间的柔和暖黄色灯光更利于打造优质睡眠空间；灯具则可以选择壁灯、台灯、吊线灯、落地灯、灯带、小夜灯等。

▲ 实景图

卧室整体氛围偏向沉寂，床头靠窗设置长线小吊灯，营造舒适氛围的同时提供装饰性照明。吊线灯的现代感造型设计与空间风格一致，三个灯头不光能向下投射，还能向后照亮床头背景墙产生独特的光影，制造出视觉的趣味变化。

床头灯具的常用类型

壁灯

◆ 安装在床头的两侧或单侧的墙上，位置固定，需要提前预留灯位线，用开关控制。
◆ 想要灵活照明，可以选择可旋转灯头的壁灯，这样就能随意调节光照角度。
◆ 智能壁灯可以智能调节色温和亮度。

吊线灯

◆ 装饰性为主。
◆ 造型设计精致，适用于现代简约风空间。
◆ 光线柔和温馨。

落地灯

◆ 更加精致，提升卧室整体氛围格调。
◆ 比较常用的辅助光源，能很好地提供阅读照明。

▶ 照明平面图

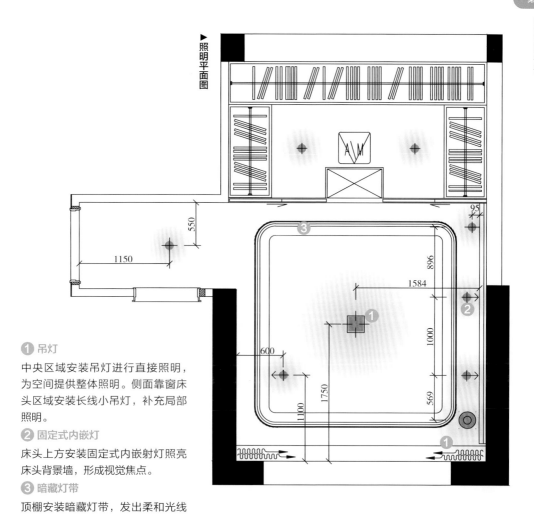

1 吊灯

中央区域安装吊灯进行直接照明，为空间提供整体照明。侧面靠窗床头区域安装长线小吊灯，补充局部照明。

2 固定式内嵌灯

床头上方安装固定式内嵌射灯照亮床头背景墙，形成视觉焦点。

3 暗藏灯带

顶棚安装暗藏灯带，发出柔和光线进行间接照明。

台灯

◆卧室空间中最常用的辅助光源，光线柔和温馨，能打造优质睡眠氛围。

◆满足多种功能需求，如睡前阅读、起夜等。

◆造型丰富多样，推荐选择与空间气氛一致的风格造型。

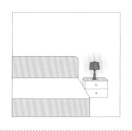

小夜灯

◆灯具小巧灵活，方便安装，功率低，灯光微弱，不会造成眩目。

◆可以使用于起夜，或者供宝妈等特殊人群夜间喂奶、换尿布等使用。

灯带

◆烘托氛围，提升空间高级感。

◆灯光柔和，即使夜间开灯，基本上也不会影响睡眠。

◆暗藏灯带应注意散热问题，为灯具留出足够的散热空间。

法则 3

利用灯光分层划分不同功能区域

　　卧室是供人休息睡眠的空间，是家居设计重点之一。进行卧室的灯光设计时，可以分为 3 个照明层次，即卧室的整体照明、衣柜的局部照明、床头的局部照明，采用不同的照明方式或照度水平，以满足不同的功能需求。

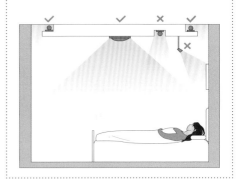

卧室灯具不宜安装在床的正上方

因为当人躺在床上，上方的灯光照射到眼睛，必然会给人带来刺目感，不利于休息。

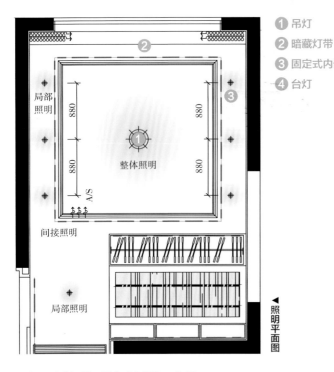

① 吊灯
② 暗藏灯带
③ 固定式内嵌灯
④ 台灯

▲ 照明平面图

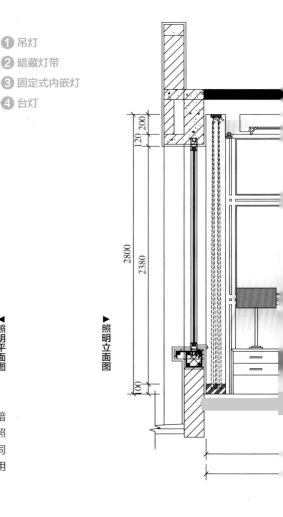

▶ 照明立面图

吊灯、暗藏灯带、固定式内嵌灯、台灯

顶棚安装吊灯为空间提供整体照明，同时在顶棚内安装暗藏灯带补充间接照明，灯带外围安装固定式内嵌灯辅助照明，使光域能够充分覆盖到整个空间。在衣帽间入口处同样安装嵌灯进行局部照明。床头两侧分别放置一盏台灯用作局部功能性照明，满足睡前阅读和起夜的使用需求。

卧室在顶棚上方安装吊灯用作基础照明，选择暖色光源，让氛围更加温馨。卧室空间适合使用柔和光线，分层照明，丰富灯光层次，打造宁静温馨的睡眠氛围。比如床头的局部照明由台灯提供，照度不用过高；衣柜部分的局部照明需要有较高的照度来看清衣物，所以使用固定式内嵌筒灯提供光线。

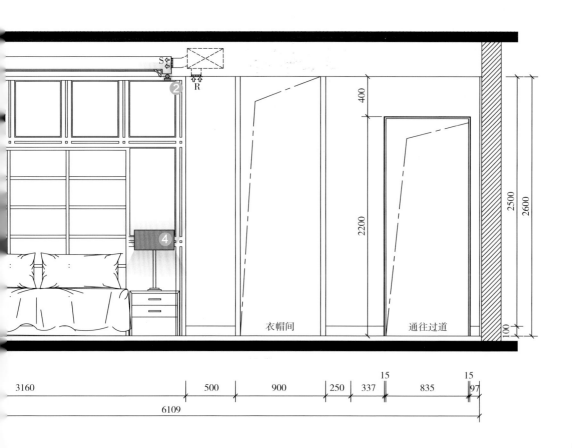

法则 4

利用壁面反射柔和灯光营造舒适睡眠氛围

卧室常用间接照明来营造宁静的氛围，除了使用暗藏灯带外，还可以使用射灯创造间接照明。具体做法为，将射灯对准背景墙照射，墙面最好不要使用反射能力较强的材质，如玻璃、镜面等，利用壁面反射的柔和光线营造卧室的氛围。

▲实景图

在床头壁面使用中性色彩，避免空间因留白过多而显得冰冷、严肃。另外，床头上方的暖黄色灯光投射在床头壁面上，反射光线更加柔和，加强了黄光的温馨感，营造出舒适、安全的睡眠氛围。

不同光束角射灯的照射效果

射灯比较常见的光束角有四种：15°用于展示品的重点照明，比如玄关、过道装饰展示；24°用于局部照明，比如照亮挂画；36°作为洗墙照明，营造发光的墙面；60°用于基础照明，可用于无主灯设计替代主灯。

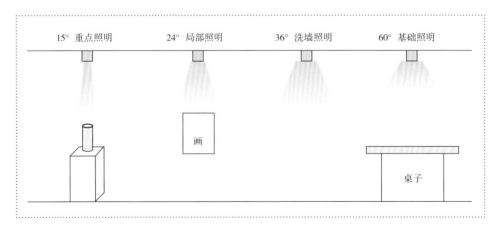

15° 重点照明　　　24° 局部照明　　　36° 洗墙照明　　　60° 基础照明

画

桌子

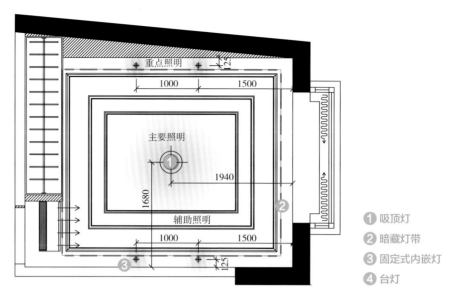

▲照明平面图

① 吸顶灯
② 暗藏灯带
③ 固定式内嵌灯
④ 台灯

吸顶灯、暗藏灯带、固定式内嵌灯、台灯

此空间照明层次清晰，中央区域设置吸顶灯满足空间整体照明，同时顶棚安装暗藏灯条提供辅助照明，最后在床头背景墙设置射灯凝聚焦点提供重点照明。利用主要照明、辅助照明、重点照明丰富灯光层次，打造安静沉稳的睡眠空间。

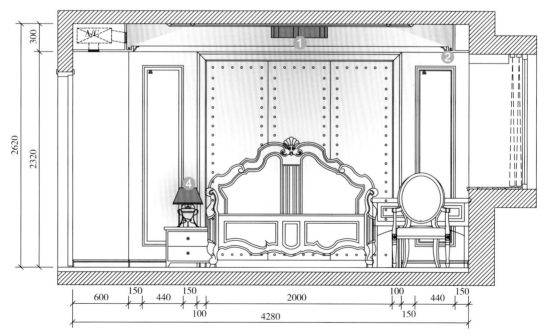

▲照明立面图

法则 5

善用床头照明补足梳妆照度需要

许多卧室会在床头柜的位置摆放一张梳妆台，以满足梳妆需求。但因为梳妆需要的照度比床头柜照度要高，所以可以利用壁灯或台灯补充光线。

▲ 实景图

空间整体色彩亮眼舒适，床头照明设计采用两盏简约圆形壁灯，简洁而富有现代感。整个卧室使用上下分层的照明设计，上部使用吊灯进行整体照明，下部使用两盏现代化壁灯进行局部照明。卧室的梳妆台位于床头一侧，可以巧妙借助壁灯的光源满足照明需求。

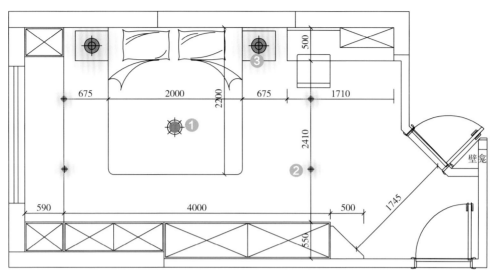

▲ 照明平面图

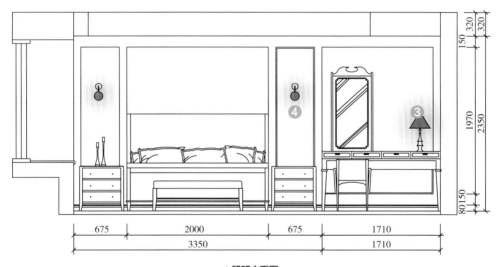

▲ 照明立面图

1 吊灯

卧室空间顶棚安装吊灯，为空间提供整体照明，吊灯的色温建议在 2700K 左右。

2 固定式内嵌灯

卧室吊灯周围设置固定式内嵌筒灯进行局部照明，可以塑造多层次的灯光效果。

3 台灯

梳妆台上设置台灯补充局部照明。

4 壁灯

床头壁灯可以补充中部光线，并且照亮梳妆台，满足梳妆需求。

法则 6

吊灯、壁灯、台灯三种光源共同打造舒适氛围

　　现代的卧室不再仅仅是满足睡眠需求的空间，还需要满足阅读、梳妆、整理等需求，此时单一的光源已经无法满足多样的需求，所以卧室的照明设计可以考虑选用多重光源。一般来说，一盏提供直接照明的灯具加上两三盏提供间接照明的灯具，就能共同打造出舒适的氛围。

本案例空间内照明布置思路非常简单，顶棚使用经典款吊灯进行主要照明，兼具实用性和美观性。立面所营造的灯光层次更要更加丰富：床头墙面搭配传统造型壁灯提供局部照明，床头两侧使用两盏相似造型的台灯进行辅助照明，这样空间内整体风格就得到了统一。

▲实景图

吊灯装设的技巧

在装有吊灯场合，配光会随着灯具造型和光源种类的改变而改变。想让整个空间亮起来，可以选择全角度射光的款式；只想照射桌面、床面，可以采用往下聚光的款式等。

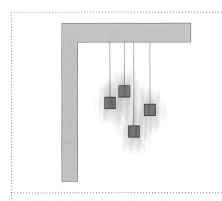

装设成组的小型器具时，可在高度上做出变化，形成有如枝形的吊灯组。

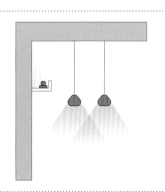

装有遮光灯罩的吊灯，顶棚上会比较暗，因此要与间接性照明组合使用。

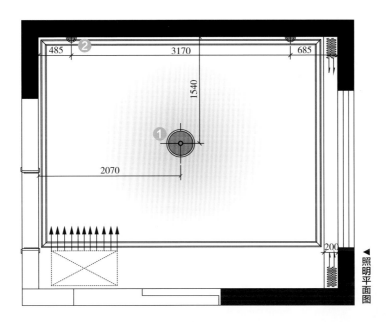

▲ 照明平面图

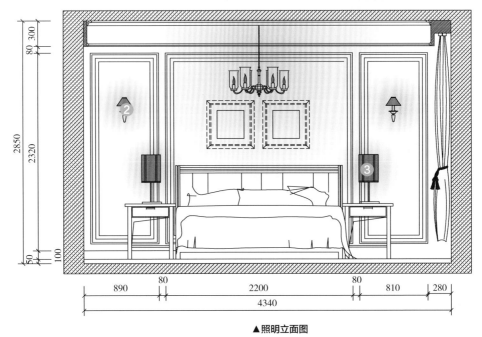

▲照明立面图

1 吊灯

顶棚设置一盏吊灯提供整体照明，以一盏吊灯来营造宁静沉稳的空间气氛。

2 壁灯

背景墙设置壁灯，可以为中层空间提供柔和的光线，同时壁灯还能与背景墙造型呼应，成为装饰品。

3 台灯

床头两侧使用两盏台灯进行辅助照明，补足下部空间的光线。

法则 7

特殊光影效果制造视觉惊喜

照明能够直接影响我们对空间的感知以及在空间中活动时的心情。光线明亮的房间令人心情愉快，采光不足的房间容易使人感觉阴暗冰冷。在阳光明媚的日子，房间中的物体投下清晰的阴影，让人感觉精力充沛，活泼向上；相反，在阴暗无光的天气里，环境因为缺乏对比而容易显得平淡乏味，让人兴致减淡。在进行照明设计时，也要善于利用光影效果打造体验感。

▲ 实景图

卧室主灯采用半透光灯罩、双向漫射设计，光线穿透材质时，一部分向上漫射至顶棚，一部分向下柔化空间。悬浮的光晕在顶棚晕染出水墨渐变般的柔光层次，灯罩纹理随光影攀附墙面，形成具有呼吸感的律动投影。这种光与影的共生关系，既消解了传统主灯的压迫感，又以动态明暗为静态空间注入沉浸式叙事。

1 吊灯

2 固定式内嵌灯

3 壁灯

吊灯、固定式内嵌灯、壁灯

空间采用有主灯设计，卧室中心区域使用吊灯进行主要照明，同时利用均匀分布在顶棚的固定式内嵌筒灯进行辅助照明，局部结合射灯进行装饰性照明。属于主要照明结合辅助照明搭配局部装饰性照明的布光类型。

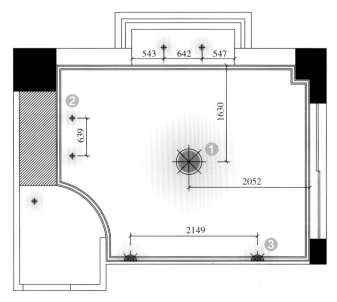

▲照明平面图

衣柜装设照明的方法

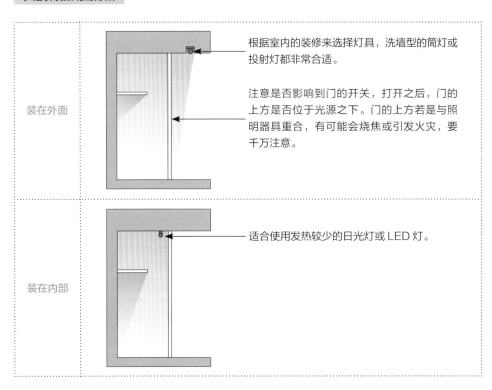

装在外面		根据室内的装修来选择灯具，洗墙型的筒灯或投射灯都非常合适。 注意是否影响到门的开关，打开之后，门的上方是否位于光源之下。门的上方若是与照明器具重合，有可能会烧焦或引发火灾，要千万注意。
装在内部		适合使用发热较少的日光灯或LED灯。

法则 8

间接照明柔化光线打造舒适睡眠氛围

　　卧室的照明设计要保证能营造平和、宁静的睡眠氛围，因此不建议使用过多的直接照明，应尽量多用间接照明。间接照明不仅可以柔化光线，而且还能避免光线直射可能造成的眩光等问题，相比直接照明更能营造令人放松的氛围。

▲ 实景图

卧室整体光线柔和、舒适，色温统一，使用暖黄色光源，顶棚选择间接照明或者漫射照明，这两种类型的光源能够打造最适宜睡眠休息的环境氛围。床头放置可调节光类型的台灯，可以在读书的时候将亮度适当提高，作为氛围灯时调低亮度，还可以作为夜灯使用。

床头背景墙灯光方案

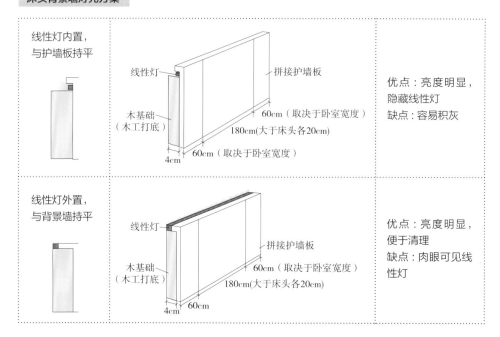

线性灯内置，与护墙板持平		线性灯 拼接护墙板 木基础（木工打底） 60cm（取决于卧室宽度） 180cm（大于床头各20cm） 60cm（取决于卧室宽度） 4cm	优点：亮度明显，隐藏线性灯 缺点：容易积灰
线性灯外置，与背景墙持平		线性灯 拼接护墙板 木基础（木工打底） 60cm（取决于卧室宽度） 180cm(大于床头各20cm) 60cm 4cm	优点：亮度明显，便于清理 缺点：肉眼可见线性灯

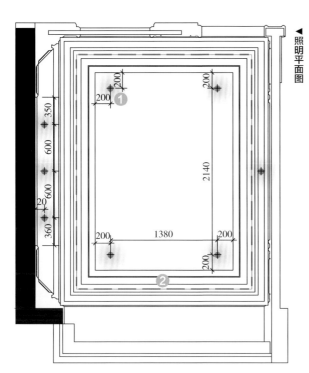

▲ 照明平面图

1 固定式内嵌灯

为避免光线直接照射床铺，可以拉远嵌灯距离，设置在床头两侧床头柜上方。

2 暗藏灯带

结合顶棚内部暗藏灯带的间接照明柔化光线，在背景墙设置小孔径内嵌射灯照亮背景墙达到洗墙效果。

3 台灯

为了补足下部空间的照明，床头两侧放置大台灯进行补充照明，同时满足阅读需求。

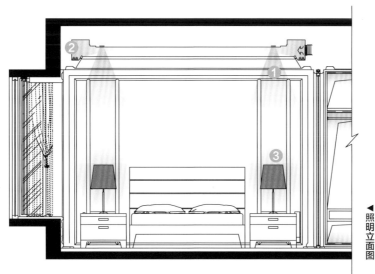

▲ 照明立面图

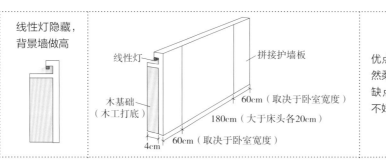

线性灯隐藏，背景墙做高

线性灯

拼接护墙板

木基础（木工打底）

60cm（取决于卧室宽度）

180cm（大于床头各20cm）

60cm（取决于卧室宽度）

4cm

优点：灯光比较自然柔和

缺点：容易藏灰，不好清理

法则 9

采用低照度打造睡眠空间

卧室不需要太强的照明，整体空间应以柔和光线为主，相比高照度的光源，低照度的光源更能营造舒适氛围，然后再搭配局部照明和重点照明，就足够满足卧室基本的照明需求了。

▼ 实景图

卧室采用了无主灯设计，顶棚使用了柔和光亮的广角型内嵌筒灯作为主要照明，配合床头壁灯打造舒适睡眠环境。由于采用了照度较低的灯具，同时尽量避免了光线直射床头，整个空间看起来非常舒适。

卧室应在手边设置便于开关的照明

卧室里的灯具设计应具备更多关怀。一旦关灯躺下，再起来开灯是比较麻烦的。因此，尽量在手边设置便于开关的照明，以方便起夜。

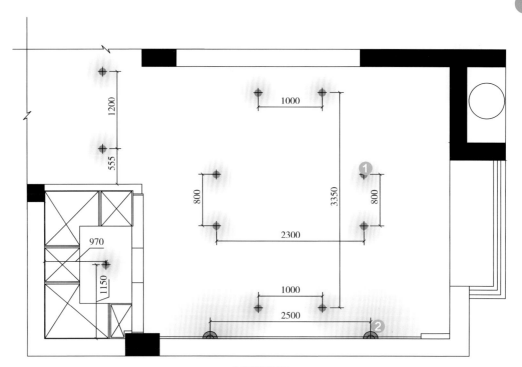

▲照明平面图

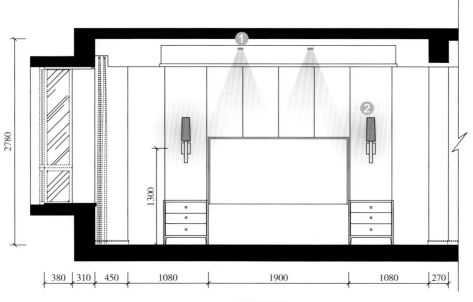

▲照明立面图

① 固定式内嵌灯

空间采用无主灯设计，顶棚宽光束内嵌式筒灯均匀分布满足整体照明需求。均匀的照明配置打造无压力的睡眠空间。

② 壁灯

卧室墙面使用向上投光的壁灯进行局部照明，照亮墙面的同时也能为卧室提供间接照明。

法则 10

壁灯营造悬浮感

　　壁灯是安装在墙上用于辅助照明的常用灯具，功率一般在 15~40W 左右，光线柔和淡雅，能够起到装饰空间、点缀墙面的作用，卧室中常常将壁灯安装于床头两侧，对床头背景墙进行装饰。

▼ 实景图

本案例仅在顶棚中心区域设置了一盏多头吊灯，提供直接照明，用于整个空间的基础照明，确保空间整体灯光照度。同时，在床头两侧墙壁上安装壁灯，采用向内发光的样式，将光线打在墙面上，除了提供柔和的局部照明光线外，还增添了悬浮感，让整个卧室的层次变得丰富起来。

壁灯的安装高度

卧室床头壁灯的安装高度宜为离地 1.5~1.7m，距离墙面 95~400mm 之间，尽量以方便为主。客厅壁灯的安装高度为 2.2~2.6m，距离墙面 100~400mm。

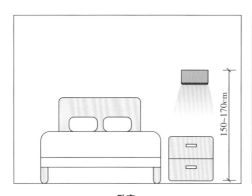

卧室

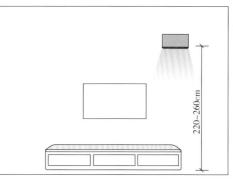

客厅

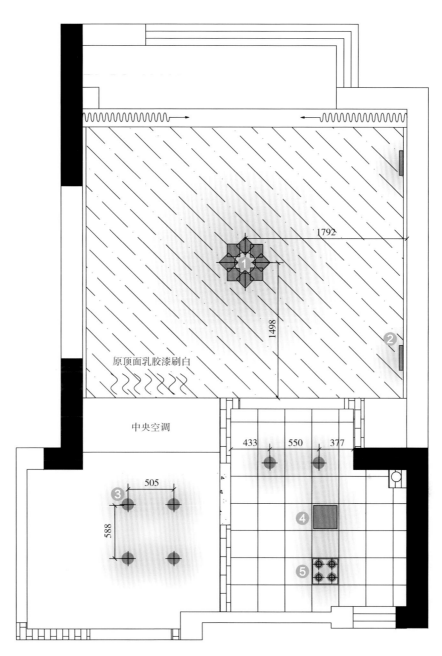

1792

1498

原顶面乳胶漆刷白

中央空调

433   550   377

505

588

▲照明平面图

❶ 吊灯

用于主要照明的吊灯，光源类型为直接光，自上而下投射光源。

❷ 壁灯

床头背景墙安装壁灯，其内里由3个灯泡组成，因为设置遮光板的原因所以光源向四周发散，对背景墙进行点缀增加悬浮感氛围，辅助可调节方向的壁式射灯聚光于墙面，还可以满足使用者睡前阅读的需求。

❸ 固定式内嵌灯

❹ 扣板灯

❺ 浴霸灯

第五章

儿童房照明设计

儿童房设计的好坏，对儿童身心能否健康发展会有一定的影响。在儿童房的各种设计因素中，"光"的布置已经远远超过简单照明的范畴。要结合儿童身心发展规律、情感、兴趣、需要四方面的考虑，为儿童提供明亮清晰的空间光环境。

法则 1

选择具有童趣的灯具造型

　　儿童房的灯具除了保证基本的照度外，可以适当选择具有童趣的灯具造型，灯具的样式不必拘泥于常规款式，可以选择儿童喜爱的卡通造型、动物造型等，这样不仅能让孩子拥有自己喜欢的房间，而且也能营造轻松、欢快的氛围。

▲ 实景图

　　儿童房的设计一般都需要为空间置入趣味性，布置活泼生动的主题空间，灯具既是对空间主题的迎合，也为空间凝聚焦点。在本案例中，飞机吊灯与床头背景呼应，与其他室内布置元素共同打造有趣、生动的空间主题。

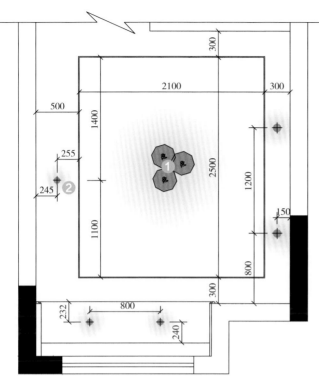

▲ 照明平面图

① 吊灯

灯光层次分为上层空间与下层空间。上层空间主要依靠吊灯作为空间内的主要照明光源照亮整体空间。

② 固定式内嵌灯

顶棚边缘安装内嵌式灯具作为空间内的辅助照明，照亮主要光源无法达到的暗角，丰富空间灯光层次，满足照度需求的同时营造趣味格调。

③ 台灯

下层空间依靠床头两侧台灯进行局部照明，补充下层空间所需照明。

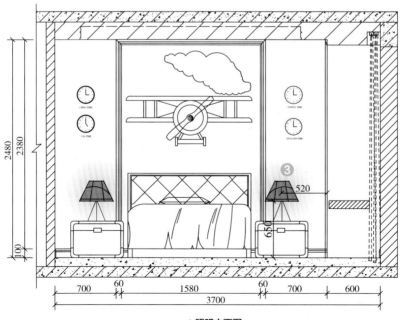

▲ 照明立面图

法则 2

特殊的顶棚造型搭配分散照明

儿童房的顶棚可以设计得更有造型，更富有空间趣味性，再搭配灯具，营造富有戏剧性的照明氛围。相比传统单一的灯光层次，多层次的照明设计更适合儿童房柔和氛围的打造。另外，分散照明可以减少房间内的阴影，保证各个区域都得到充足的光线，这对于不会固定在一个地方玩耍的孩子而言，是非常实用的。

▲ 实景图

本案例中顶棚没有使用特殊造型的灯具作点缀，而是利用特殊的顶棚造型与固定式内嵌筒灯的结合，打造出简洁又充满童趣的照明氛围。分散布置的筒灯，保证房间每个角落都能有充足的照度。床头两侧用台灯和小型吊灯提供局部照明，让房间的灯光层次更丰富。

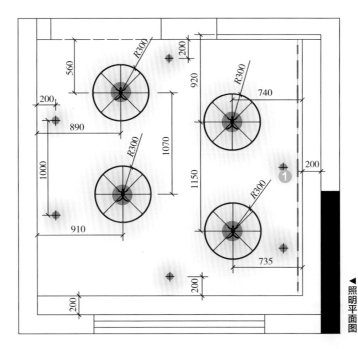

▲ 照明平面图

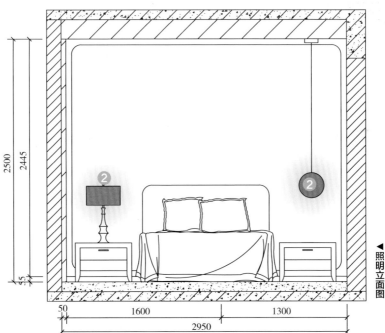

▲ 照明立面图

1 固定式内嵌灯

儿童房顶棚设置四个喇叭形状的特殊造型，并嵌入固定式内嵌灯具作为空间主要照明。在顶棚造型外同样安装内嵌式筒灯，提供足够的照度。

2 吊灯 / 台灯

床头两侧根据使用者个人生活习惯或不同使用需求安装不同类型的灯具，多种类型照明光线相互搭配，能够营造活跃的空间气氛，创造视觉惊喜，呼应空间主题。

法则 3

侧面打光避免直照影响睡眠

　　设立儿童房的目的除了给孩子一个独立的空间，还有一个重要的原因就是培养孩子的独立生活能力。但是由于儿童年龄比较小，离开家长的陪伴容易产生恐惧，所以孩子入睡时可以伴随微亮的灯光，这样会使儿童有安全感。陪伴光源要注意避免直照，影响孩子睡眠质量。

▲ 实景图

　　整个儿童房没有用吊灯作为主要照明，而是使用宽光束的固定式内嵌筒灯作为主要光源，为空间提供均匀又明亮的光线。书桌上的台灯保证了阅读、学习时的光线需求，但这些直接照明并不适合作为孩子睡眠时的陪伴光源，因此在床的另一侧用长线吊灯提供局部照明，其光线比较柔和，不会影响孩子睡眠。

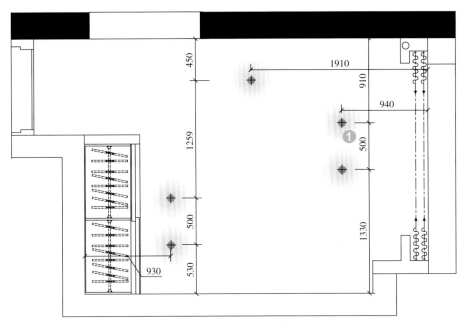

▲照明平面图

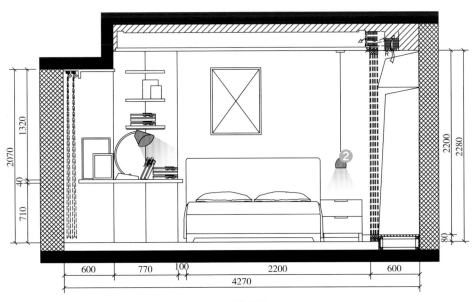

▲照明立面图

1 固定式内嵌灯

此空间的照明设计思路比较简单，平面采用无主灯设计，采用在顶棚均匀分布使用固定式内嵌筒灯的方式为空间提供整体照明。

2 吊灯

长线吊灯起到小夜灯的作用，一般推荐 5~10W 暖光小灯泡，非常适合营造空间氛围。

法则 4

构建柔和护眼的灯光环境

好的灯光环境有利于孩子的眼部健康，不良的灯光环境容易使孩子视觉疲劳、近视，甚至患上眼部疾病。因此在进行儿童房灯光设计时，要注意空间内要亮度均匀，有足够照度，照明无死角，灯具无安全隐患，一般活动照度建议为 150lx（勒克斯，照度单位），阅读、写作业建议 300~500lx 即可，色温选择3000~4200K，这样的光线更加柔和舒适。

◀ 实景图

本案例儿童房的整体照明氛围温馨舒适，灯具的色温在 3000~4200K 左右，偏黄的灯光相比偏白色也更有利于保护儿童视力。为了保证简洁感，顶棚使用豆胆灯作为主要照明，并使用暗藏灯带进行间接照明，将柔和的光线均匀铺在床头背景墙上。

护眼灯的挑选

挑选护眼灯，需要关注以下几个方面：
①显色指数高于 90。
②无频闪。一般来说直流 LED 灯具有低频闪的特性。
③选择色温 4000K 左右的灯具，眼睛舒适度最佳。市面上多数白光 LED 灯的工作原理，是让蓝色发光芯片发出的蓝光，激发灯珠内涂覆的黄色荧光物质产生黄光，最终蓝光与黄光融合形成白光。因此这种技术原理决定了白光中必然含有未被转化的蓝光成分。而这类未被转化的蓝光穿透力强，可能引发视网膜黄斑区光损伤，所以必须严格挑选。
④不要直接看到光源，选择在光源表面有滤光板的灯具。

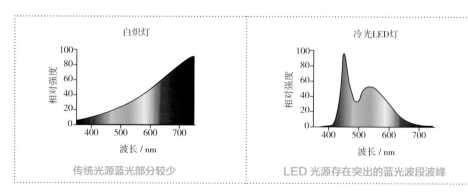

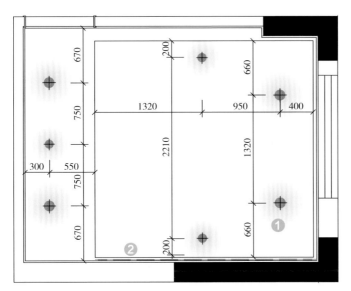

▲照明平面图

1 豆胆灯

空间主要照明不使用传统的单一光源，而是用豆胆灯作为整体空间的主要照明。组合固定式内嵌射灯，以及床头间接照明的暗藏灯带，丰富灯光层次，提高整体空间亮度，满足照明需求。

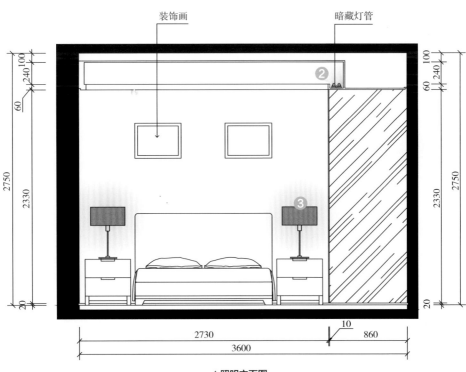

装饰画　　　　暗藏灯管

▲照明立面图

2 暗藏灯带

空间重点在于顶棚设置了暗藏灯带，使用柔和光线均匀照亮床头背景墙面。

3 台灯

在床头两侧安装台灯，可以向上、向下同时照明，向上打在墙上营造洗墙效果，向下投射的光源满足睡前阅读、起夜的照明需求。

法则 5

多重照明烘托房间主题

　　儿童房照明设计可以选择的灯具种类非常多，空间内的灯光层次可以分为基础照明、氛围照明、功能照明三种。基础照明为主，氛围照明、功能照明为辅，在照明设计中尽量组合应用三种照明，打造多重灯光层次，烘托房间主题。

▲ 实景图

本案例儿童房充满童真趣味，房间主题与航空、天文有关。作为主要照明的吊灯灯具外观设计为一架飞机，既能隐藏灯具又呼应空间主题。嵌灯照射床头背景墙上的装饰，这些装饰表面为镜面材料，营造出一种未来感和科技感。床头两侧台灯底座使用材料与背景墙上材料相互呼应，统一空间气质，突出房间主题。

不同年龄段儿童房照明设计重点

学龄前儿童房	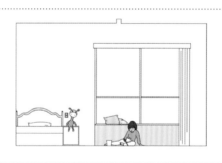	采用吸顶灯或筒灯以获得均匀的亮度，地面亮度以 100~200lx 为好。窗帘盒内安装灯具，用以照射顶棚，让整个房间都有柔和的光线
学龄儿童房	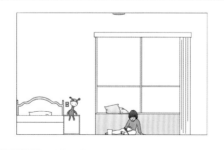	儿童开始使用书桌做作业后，就需要局部照明，色温 4000K 左右的"暖白光"（接近晨间自然光）既有助于他们集中精神学习，又能避免蓝光危害。学习和阅读时要保证桌面亮度达到 750lx

1 吊灯
2 固定式内嵌灯

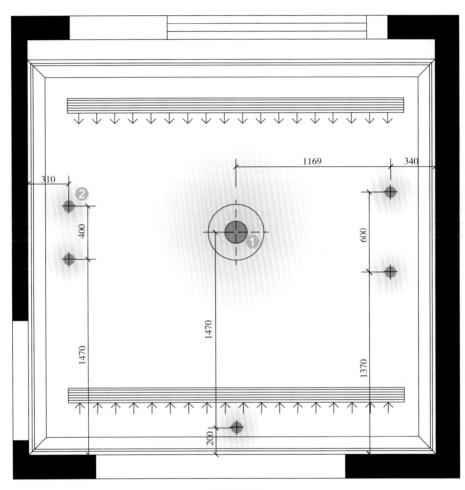

▲ 照明平面图

吊灯、固定式内嵌灯

吊灯放置在中央区域，为空间提供整体照明，是保证空间照度需求的前提。顶棚四周使用宽光束固定式内嵌灯创建光域，辅助进行局部补充照明，满足整体空间的功能性需求。同时避开通风系统，防止光源被遮挡。

法则 6

落地灯作为卧室辅助光源

　　儿童卧室不仅需要明亮的基础照明，也需要柔和的氛围光，落地灯就可以创造出这种柔和的氛围。当落地灯作为辅助光源出现的时候，可以设置在床头，低照度的光线可以让孩子更安心地入睡。

▼ 实景图

　　顶棚的白色吊灯简约可爱，还保证了整个卧室的基本照度，因为在床一侧摆放了书桌，所以没有在房间内摆放床头柜，也没有设置台灯，转而使用落地灯代替，这样不仅可以节约空间，而且水晶材质的落地灯更能突出儿童房粉嫩、可爱的氛围。

灯具的插座和配线外露解决方法

为了保证儿童房的用电安全，尽量减少照明灯具插座和配线的外露，避免儿童触碰发生触电危险。可事先确定好照明灯具和家具的位置，提前将插座和配线隐藏在家具里，使外观清爽、利落。

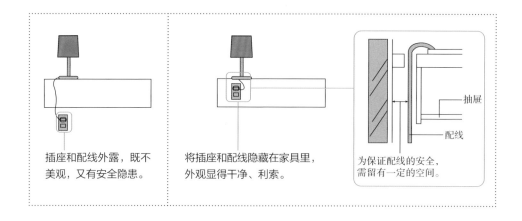

插座和配线外露，既不美观，又有安全隐患。

将插座和配线隐藏在家具里，外观显得干净、利索。

抽屉

配线

为保证配线的安全，需留有一定的空间。

▲ 照明平面图

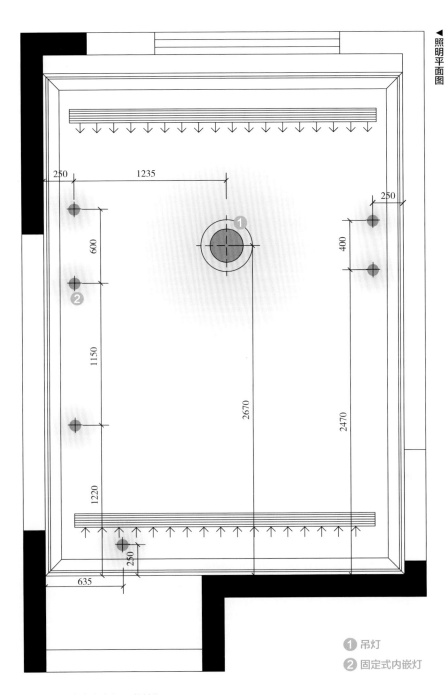

1 吊灯

2 固定式内嵌灯

吊灯、固定式内嵌灯、落地灯

吊灯放置在中央区域，作为空间中的主要基础照明，为整体空间提供光源。组合固定式内嵌灯，作为局部照明可以补充照亮局部暗角，用作提高整体空间亮度功能性照明。当落地灯作为辅助照明时，空间格调显得更加精致、更加利落，也能避免儿童不慎将灯具打破出现漏电等危险状况。

法则 7

避免眩光

对于处于生长发展阶段的儿童，更应注重眼部保护，应避免光环境中存在过于刺眼的光线而产生眩光。眩光对儿童的成长和发育是不利的，容易引起视觉功能降低、近视、眼部疲劳等诸多问题。因此在进行儿童房照明设计时，避免在正上方安装光线强烈的灯具或应使用防眩光的灯具。其次间接照明本身就能柔化灯光，再经由顶棚进行漫反射，光线会更加柔和，这也是避免眩光的方法之一。

▲ 实景图

本案例考虑到层高的问题，没有使用吊灯作为主光源，而是选择暗藏灯带与固定式内嵌筒灯的组合，这样既保证了整体照明，也解决了辅助照明，柔和的间接光让儿童房的氛围变得温馨起来。床头的台灯选择了半透光的灯罩，让光线漫射出去，不会刺激孩子的眼睛。

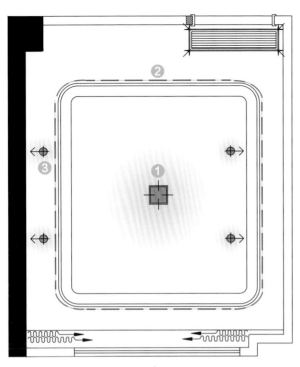

①吊灯
②暗藏灯带
③固定式内嵌灯

▲照明平面图

吊灯、暗藏灯带、固定式内嵌灯

儿童房的中央区域使用吊灯作为主要光源进行整体照明，配合顶棚中放置的暗藏灯带提供间接照明，发出柔和光线在光环境中辅助照明。暗藏灯带外围配置方向性射灯进行局部照明照亮墙壁。

眩光的种类

直接眩光

在观察物体的方向或在接近视线方向内存在高亮度的发光体所产生的眩光。

间接眩光

在视野中存在不处于观察物体方向的高亮度光源所引起的眩光。会引起视觉不适或视觉操作绩效下降。

防备措施

（1）降低眩光光源的亮度；

（2）提高环境亮度，降低眩光亮度与环境亮度的反差；

（3）用粗糙的反射面替代光滑的反射面；

（4）调整眩光源的位置，使之远离观察者的视线；

（5）用挡板等遮挡眩光源。

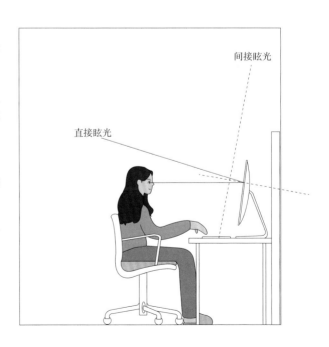

第六章

衣帽间照明设计

衣帽间是专门存放衣物、首饰、鞋包、配件的空间，衣帽间照明设计的要点是满足人们轻松分辨出衣物颜色或细节的需求，从而根据颜色或细节完成基础穿搭或时尚穿搭。衣帽间的照明要保证足够的照度，如果照度不够、空间晦暗的话，就会为挑选衣服带来不便，更不利于搭配和换装。因此，在进行衣帽间的照明设计时就应合理调整环境照度，使光线能够均匀照亮整个空间。

法则 1

流明顶棚应用于狭窄空间

衣帽间要想保持足够的照度，主要依靠顶部的光源。所以可在顶部选择宽光束角、配光均匀、防眩光的 LED 筒灯或其他可以大范围照亮整体空间的灯具，消除暗角。

▲ 实景图

本案例中使用了流明顶棚的照明设计，整个衣帽间显得非常明亮但不会有刺眼的感觉。为了减少柜内的阴影，解决顶棚光线无法完全进入衣柜内的问题，特别在衣柜内层板下安装了线形灯，不仅可以照亮衣柜内部，而且塑造出的柔和背光也能营造氛围。在进行照明设计时，还可以和空间内硬装软装进行搭配。

① 流明顶棚　② 暗藏灯带

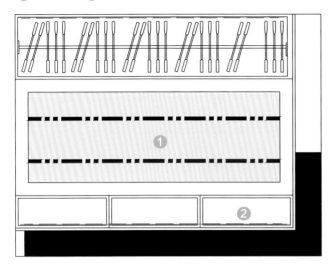

▲照明平面图

流明顶棚、暗藏灯带

较为狭窄的空间的顶部灯具布置可以采用流明顶棚。流明顶棚能够在保证光线充足的条件下，柔和地照亮顶棚下部空间，如果只追求空间的照度而采用高功率的集光型筒灯，那么人在狭小空间内活动时就会非常容易受眩光影响。在能够均匀照亮整个空间的前提下，考虑到细节照明，设置暗藏灯带能够柔化光线，为储物空间增加一层光照。

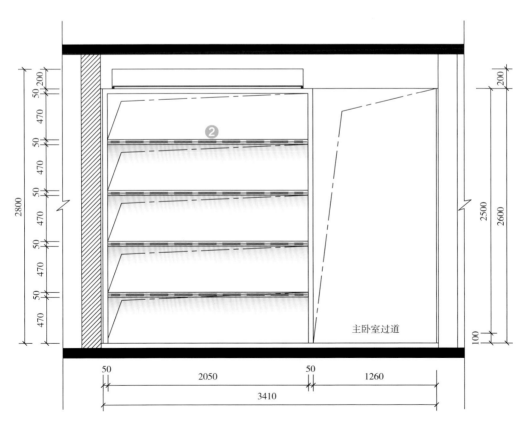

▲照明立面图

法则 2

灯具造型、材质与空间设计呼应

空间内照明设计不应被看作单一独立的个体，空间内的装饰、家具、顶棚造型、地板材料、储物特点是构成整个空间的各个部分，他们看似独立却又相互统一，在设计时要注意空间的统一性。

▲ 实景图

以拉长空间的纵深感、拓宽空间为主的现代轻奢风格的衣帽间，顶棚使用石膏板分层做造型，同时使用条形围合不锈钢条收边，增加现代感，同时顶棚的主要光源选择了简单款式的固定式内嵌灯，银色的款式与不锈钢条收边呼应，共同构造出简约氛围；在衣柜抽屉台面、立面以及衣柜上部吊柜立面和地面使用木质纹理，增添些许温暖的感觉，同样衣柜内使用低色温的暗藏灯带辅助照明，暖黄色的光线迎合了衣柜木质纹理的温暖感，让衣帽间不会显得过于冷硬。

① 固定式内嵌灯　② 暗藏灯带

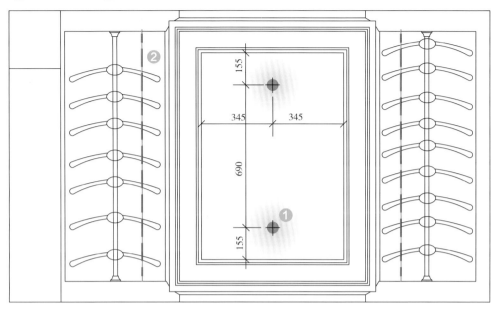

▲ 照明平面图

固定式内嵌灯、暗藏灯带

顶棚使用固定式内嵌灯作为主要光源，为了与整体风格呼应，在定制衣柜两侧吊柜下配置暗藏灯条，使被照物体成为视觉焦点。整个空间的布光思路是把采光留给卫浴间，以间接照明灯具作为基础光源，搭配嵌灯创造出空间照明层次。

灯具常用的四种材质

| 金属材质 | 玻璃材质 | 塑料材质 | 木、竹、藤类材质 |

第七章

书房照明设计

书房作为一个承载日常阅读、办公、学习需求的空间，对光源的要求极高。所以针对书房空间的灯光设计，除了满足日常照明需求，还需要对局部光源进行设计，在充分把握整体与局部照明基础上，还应该特别考虑护眼问题，帮助人们进行高效办公的同时保护眼部健康。

法则 1

暗藏灯带为主打造柔和空间

　　暗藏灯带因为有遮光板的阻挡，所以其光线柔和舒服，不会造成眩光感。书房作为用于办公、阅读的空间，需要柔和的光线以满足活动需求，所以应该为书房打造一个柔和舒适的环境。

◀ 实景图

整个书房的布光思路比较简单，仅在顶棚的四角各安装一盏豆胆灯保证书房的基础照明，打造明亮的阅读、办公环境。书柜内的暗藏灯带发出柔和的光线，照亮书籍，也给书房带来柔和的氛围光。书桌上的台灯则是整个空间的重点照明，保证书桌面能有足够的书写照度。

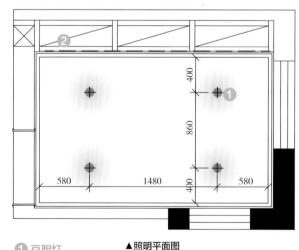

400

860

400

580　　　1480　　　400　　580

▲ 照明平面图

① 豆胆灯

② 暗藏灯带

豆胆灯、暗藏灯带、壁灯、台灯

这种布光思路展示了非常明确的灯光层次，即以主要照明为主，结合局部照明为辅进行补充照明。实际书房面积不大，顶棚四角安装的豆胆灯能够满足空间基础照明需求，但对局部的细节照明来说还是不够的，于是在局部书架各层后面设置暗藏灯带照亮图书细节。同时空间内又将灯光层次分为上、中、下三层，上层是主要照明，中间层在墙壁上安装壁灯进行局部照明，下部空间在书桌上放置台灯，满足阅读、学习、办公时的高亮度照明需求。

控制眩光的五种解决方法

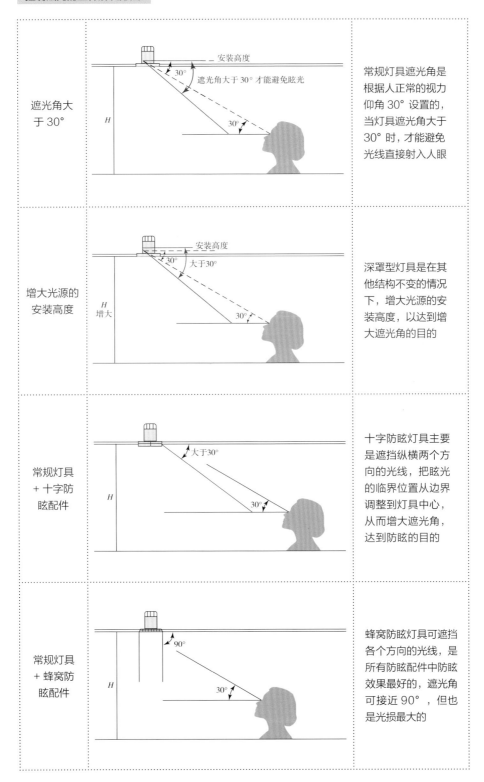

遮光角大于 30°	安装高度 30° 遮光角大于 30° 才能避免眩光 H 30°	常规灯具遮光角是根据人正常的视力仰角 30° 设置的，当灯具遮光角大于 30° 时，才能避免光线直接射入人眼
增大光源的安装高度	安装高度 30° 大于30° H 增大 30°	深罩型灯具是在其他结构不变的情况下，增大光源的安装高度，以达到增大遮光角的目的
常规灯具 + 十字防眩配件	大于30° H 30°	十字防眩灯具主要是遮挡纵横两个方向的光线，把眩光的临界位置从边界调整到灯具中心，从而增大遮光角，达到防眩的目的
常规灯具 + 蜂窝防眩配件	90° H 30°	蜂窝防眩灯具可遮挡各个方向的光线，是所有防眩配件中防眩效果最好的，遮光角可接近 90°，但也是光损最大的

法则 2

家具隔板下设置线条灯

　　书房除了保证整体照度和书桌面的照度外，可以多增加一点间接照明来补充照明，丰富灯光层次。这些间接照明不光可以出现在顶棚中，还能够跟家具结合，如将线条灯与吊柜、书桌、柜子等搭配组合，共同打造优质的光环境。

▲
实景图

书房内使用宽光束固定式内嵌灯作为主要光源为整体空间提供基础照明，为了让书柜内也能有光线，在层板上面安装了线条灯，这样整个书房的灯光层次也变得丰富起来。

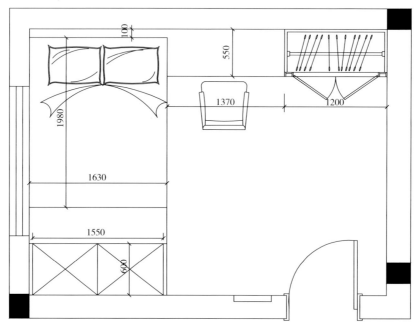

▲ 平面布置图

家具隔板下设置线条灯的方式

◆ 不使用遮光板，直接暴露灯具

灯具直接暴露在外面，即使在光通量较小的情况下，也能产生不错的照明效果，可以使用在较小的家具收纳空间中，在满足使用需求条件下，获取最大限度的储物空间。灯具选择上使用小型的线条灯。

注意：放置灯具的空间要留出足够的空隙用来散热。

◆ 使用乳白色亚克力遮光板

当需要较大光通量时，灯具尺寸会变得很大，由于灯具体积变大影响美观性，可以使用乳白色亚克力加以遮挡。

注意：白色亚克力板受热会膨胀，最好在灯槽内设置散热孔，孔径 10mm，孔间距 300mm 即可。还可以设置纱网以阻挡蚊虫进入。

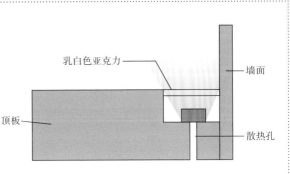

① 暗藏灯带
② 固定式内嵌灯

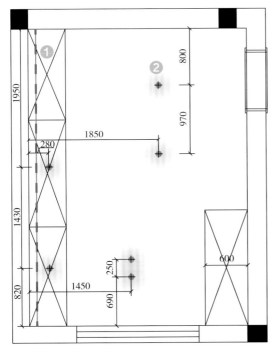

▲ 照明平面图

暗藏灯带、固定式内嵌灯

顶棚固定式内嵌筒灯的灯光受书架上层隔板的遮挡，书架储物层内部空间得不到充分照明，这种情况可以选择使用照度充足的线条灯管进行补充照明，将灯管安装在吊柜隔板下方，因为其体积小，不会占用太多空间，并且还能保证灯光能够充分扩散到书架下方。类似地，可以在其他家具顶部内侧安装线条灯打造灯光层次，满足空间照明需求。

法则 3

嵌灯搭配线条灯的照明思路

　　书房整体照明可以选择主灯与筒灯以及射灯结合的方式进行照明设计，但这种固定公式照明设计会让空间缺少一些层次感，要想照明具有高级氛围，还可以在主要照明的基础上结合线条灯实现照明分层。

▲ 实景图

由于书房面积较大，所以在照明设计上使用整体与局部结合的照明方式，具体来说，整体照明由宽光束的固定式内嵌筒灯提供，局部照明由藏在柜内的线条灯和顶棚的暗藏灯带提供。同时，当书桌台面用作办公时，单靠顶棚筒灯投射下的灯光，其亮度是不够的，所以设置一盏台灯作为重点照明照亮书桌面。

顶棚灯槽与光线关系

灯槽照明因其结构和尺寸的不同，光的扩散度和视觉亮度也不同，如下图所示，不同安装形式会实现不同的照明效果。

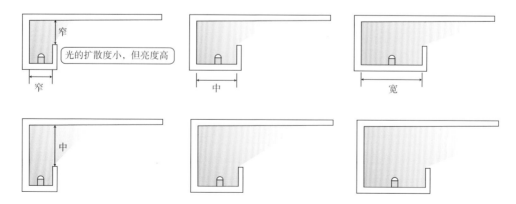

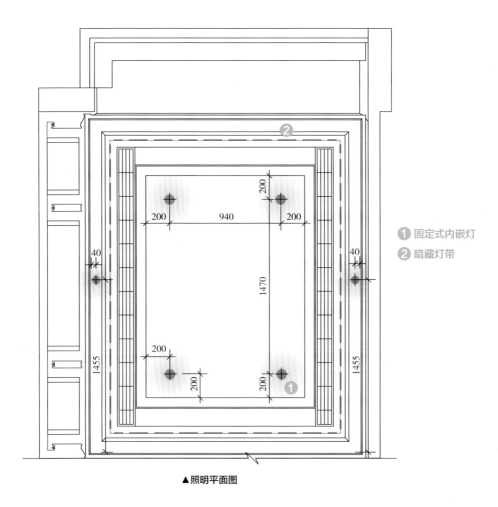

▲ 照明平面图

❶ 固定式内嵌灯
❷ 暗藏灯带

固定式内嵌灯、暗藏灯带

从照明平面图可以看出来，空间中使用宽光束内嵌灯作为主要照明照亮整
体空间，暗藏灯带作为补充照明使用，边缘射灯作为重点照明使用，共同
打造上层空间基础照明与局部照明结合的灯光层次。

光的扩散度大，但亮度低

凹槽照明因其结构和尺寸的不同，光的扩散度和视觉亮度也各异

法则 4

结合使用者职业需求布灯

照明设计应满足使用者的灯光需求，站在使用者的立场上，最大程度为使用者工作、学习、生活提供便利，满足多方面的基本需求，营造良好的光环境氛围，创造宜居的美好空间。

▲ 实景图

居住者是一名服装设计师。整体空间气质完美地展现了使用者的职业特征，这不光从平面空间布局、工作台物品陈设，还能够从灯具的选择得到印证。首先整个空间的颜色鲜艳、用色大胆，为了与之呼应，空间中主要光源的用色大胆夸张，垂坠的设计宛如丝线缠绕。除此之外，因为职业特性，需要工作台上的空间比较大，所以局部补充照明改为使用落地灯，增加桌面利落感。

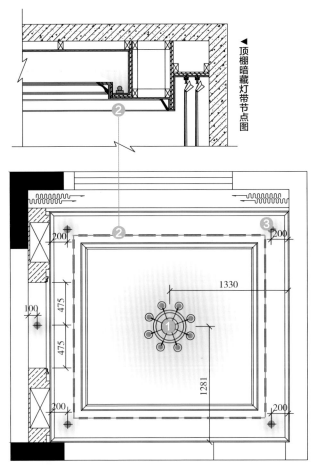

▲顶棚暗藏灯带节点图

▲照明平面图

❶ 吊灯

顶棚灯具布置层次清晰，中央区域放置吊灯作为主要光源满足整个空间的基础照明。

❷ 暗藏灯带

吊灯周围安装暗藏灯带作为补充光源进行间接照明，灯带与顶棚的间距设置在200mm以上，这样能够确保灯光柔和地照亮顶棚。为防止灯光反射光晕造成眩光感，灯槽内建议做电镀哑光处理。对工作台后的展示柜进行重点照明，展示柜隔板内侧设置间接照明，直接裸露灯具，不使用任何遮盖板遮盖，间接照明灯条与隔层宽度相同，照亮展品细节。

❸ 固定式内嵌灯

顶棚四周放置固定式内嵌灯补充照亮主要光源光线无法辐射到的地方，统一整体空间亮度，防止出现照明断层。造型柜体中间向内做了内嵌造型，上方设置内嵌射灯进行照明，对装饰画进行视觉聚焦。

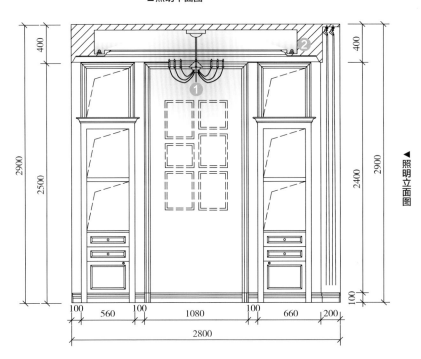

▲照明立面图

法则 5

使用可调方向的导轨灯灵活照明

灯光是一项极具趣味性的设计元素。相比固定式的灯具，可调节的灯具照射方向灵活、照射角度灵活，更能应对空间的变化性，也更能适应空间未来功能的改变，更有实用性。

▼ 实景图

书房中采用导轨灯，恰到好处的灯光造影打造空间层次感，将宽阔空间的视觉重点凝聚在书架上。设置导轨灯的好处是可以根据需求调节光线方向，营造柔和的感觉，打造层次分明的光环境。

可调方向导轨灯

可调方向导轨灯，其照明功率可分为 5W、7W、9W、12W，尺寸大小一般为 ϕ100mm×100mm，色温一般在 2700~6500K 之间，暖光到冷光都可以，显色性较好，显色指数（R_a）可以保持在 90 以上。导轨灯能够驾驭各种场景，包括办公前台、店铺橱窗、家居装饰、展厅展览、餐饮酒吧等。

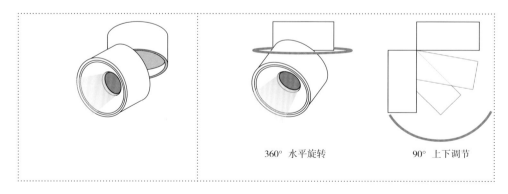

360° 水平旋转　　　　　　　90° 上下调节

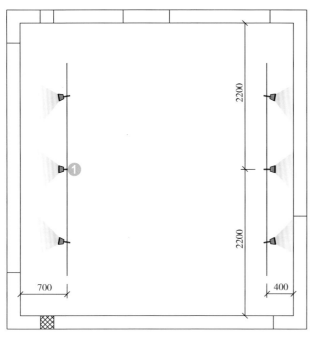

▲ 照明平面图

1 可调节方向的导轨灯

空间中使用了两组导轨灯作为主要光源进行直接照明，并且可以根据不同需求调节照射方向或角度，实现灵活照明。

2 台灯

上层空间可调节方向的导轨灯通过调整灯头方向能够满足书架内部空间的细节照明，下部空间的重点工作学习区域照明使用桌面大台灯来补充。

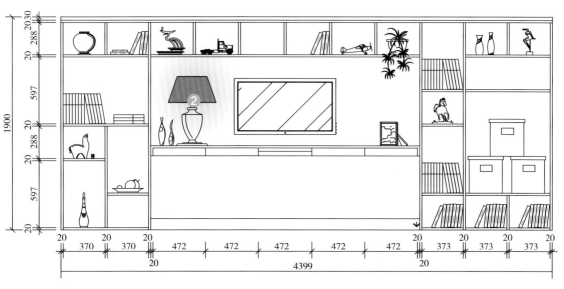

▲ 照明立面图

法则 6

固定式明装筒灯结合长线吊灯

对于一些没吊顶的顶棚，可以使用固定式明装筒灯、射灯进行照明。有别于固定式内嵌灯具，外观好看的明装式灯具安装在这类空间中对顶棚能起到一定的装饰作用。

▲ 实景图

空间属于开敞式书房连接主卧，同样使用主卧主灯与辅助用灯相结合的布光思路。主灯选用复古造型款式的吊灯，灯罩材料不透光，只能照亮下方区域，光源属于直接光。因为空间整体不明亮，采用明装式筒灯、台灯相结合的方法来保证整个空间的照度。

明装式筒灯的类型

明装式筒灯可以分为内胆调节、灯体调节、不可调节三种类型。

内胆调节：显色指数（R_a）为 90；24°、36° 光束角可选；防眩光	灯体调节：显色指数（R_a）为 80；高颜值、多功能；具有反光杯光学特性	不可调节：显色指数（R_a）为 90；24°、36° 光束角可选；具有反光杯光学特性

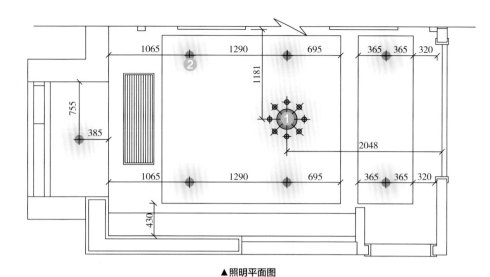

▲照明平面图

1 吊灯

空间以功能区域吊灯作为主光源为空间提供基础照明，长线吊灯为中层空间提供主要照明，满足工作台上方空间所需照度。

2 固定式明装筒灯

顶棚四周分别安装六盏宽光束角的明装式筒灯为上层空间提供直接照明，保障空间各个角落光线协调，避免出现照明断层。

3 台灯

下层空间使用台灯进行重点局部照明，满足伏案工作的灯光需求。

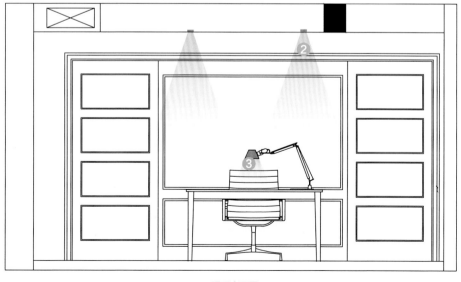

▲照明立面图

法则 7

单一光源照亮整个空间

当空间面积不大时，最经济型的照明设计思路就是只用吊灯照亮整个房间。空间内的照明设计不是光源越多越好，真正好的照明设计本质很简单，就是根据使用需求设计合适的光环境，永远把使用需求放在第一位，创建实用型光环境氛围。

▲
实景图

本案例书房面积较小，所以仅用一盏吊灯就足够满足基本的照度需求，在这样的情况下，可以减少灯具的使用，除此以外，可以在书桌上设置台灯保证工作面的照度。

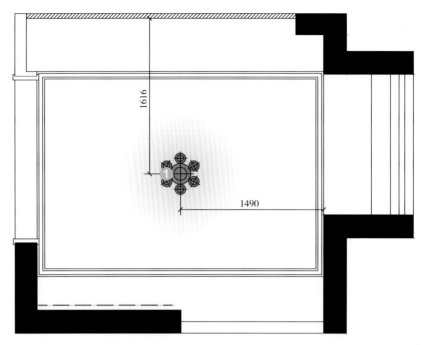

1616

1490

▲ 照明平面图

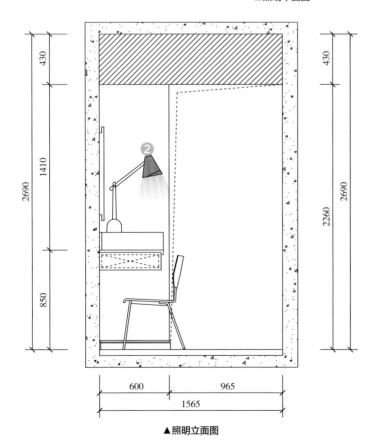

430

1410

850

2690

600

965

1565

430

2260

2690

▲ 照明立面图

❶ 吊灯

顶棚只用吊灯就能照亮整个空间，解决整个房间的亮度需求。选用吊灯的光源类型属于整体扩散型，因灯罩的材料特性，光源可向所有方向扩散，仅凭这一点就能够满足空间整体照度。

❷ 台灯

根据书房的功能特性，还需要在书桌上安排一盏台灯进行重点局部照明，满足伏案精细工作的需要。

法则 8

透明材质灯罩呼应楼梯材质

　　灯具的造型与材质常常与空间内其他物品相呼应，可以是地面材料、家具材料，也可以是楼梯材质、装饰品材质。透明玻璃材质的灯具不仅看上去通透、干净，而且可以让光线完全照射而出，与带着玻璃扶手的楼梯呼应，在上层空间为书房增添简约感。

▲
实景图

书房功能区位于楼梯旁一个相当于公共空间的地方，空间不大不需要安装太多灯具进行照明。空间风格统一，桌子、椅子、书架、楼梯四者材质相呼应，只在墙面刷涂颜色鲜艳的涂料，与大部分书籍的颜色一致。吊灯在灯罩上做了设计，使用透明灯罩，与楼梯扶手的材质相协调。整个空间既有内嵌灯照亮鲜艳墙面凝聚视觉焦点，也有相关要素相互呼应，是有"呼吸感"的设计。

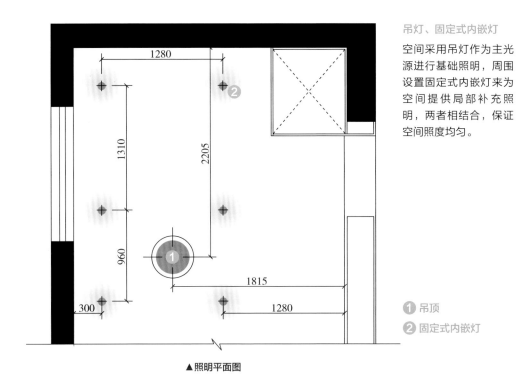

空间采用吊灯作为主光源进行基础照明，周围设置固定式内嵌灯来为空间提供局部补充照明，两者相结合，保证空间照度均匀。

❶ 吊顶
❷ 固定式内嵌灯

▲照明平面图

利用玻璃进行光的反射

透明玻璃是一种透光的材料，但并不是完全的透明体。以接近垂直于玻璃面的角度（大角度）入射的光线，几乎全部都能透过玻璃；可是，以小角度入射的光线，大部分都会被反射而不能透射。以透明玻璃作为隔断为例。比如说，筒灯设置在距离玻璃比较近的位置，从灯具发出向下方的大部分光线会被玻璃反射，因此，光线就会落到被照玻璃内侧的地面上。其结果就是被照玻璃内侧的地面会更加明亮，产生灯光被蓄积起来的效果。相反，要想降低玻璃隔断的存在感，可以加大照明灯具与透明玻璃面的距离，让更多横方向的光线穿过玻璃面。

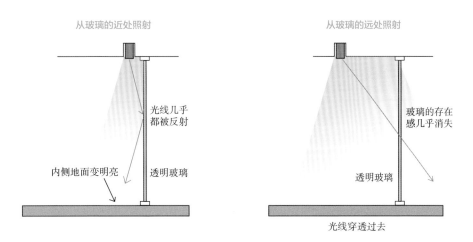

从玻璃的近处照射　　　　　　　　从玻璃的远处照射

光线几乎都被反射

内侧地面变明亮　　透明玻璃

玻璃的存在感几乎消失

透明玻璃

光线穿透过去

法则 9

灯光设计贴合空间主题

在进行照明设计之前要充分了解使用者的基本情况，如生活习惯、职业特点、兴趣爱好、专业方向等，然后根据这些情况确定灯光主题再进行具体的照明设计，照明设计中同样体现以人为本的原则，充分从人居角度进行照明设计。

▲
实景图

结合实景图可以看出使用者可能是对地理有兴趣爱好的人，或者学习研究方向与地理有关。因此在选择灯具上要贴合空间主题，本案例中古铜色环形金属条焊接成的灯具类似于地球仪，或是古代用于测量天体球面坐标的浑仪。除了贴合主题而选择之外，这样的造型，正好能够让光源成扩散型，满足整体空间的照度需求。

灯具的常见风格与造型

中式灯具		适合风格：新中式风格、中式古典风格

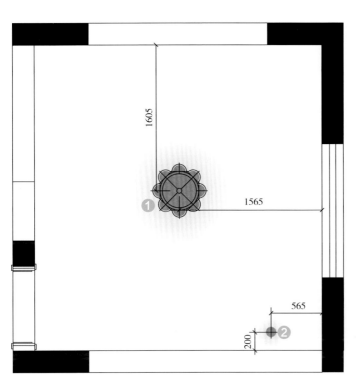

① 吊顶
② 固定式内嵌灯

1605

1565

565

200

① ②

▲照明平面图

吊灯、固定式内嵌灯

顶面使用吊灯放置在中央区域为空间提供整体照明，这种情况下吊灯光源最好使用整体扩散型。除了主要照明，在顶棚边角位置安装内嵌式灯具提供局部照明，整体与局部结合，共同营造舒适光环境。

现代灯具		适合风格：现代风格、简约风格、工业风格
欧式灯具		适合风格：简欧风格、法式风格、北欧风格
日式灯具		适合风格：日式风格

法则 10

豆胆灯与射灯相结合打造明亮空间

　　对于大空间，单一的光源无法照亮每个地方，在进行照明设计时可以运用多层次的照明打造空间的明亮感。如果想呈现出简约的效果，可以试着使用豆胆灯与射灯的组合，不仅可以照亮空间，而且不会给顶棚带来拥挤感。

▲ 实景图

　　书房的自然采光较好，所以照明设计采用了主要照明与局部照明结合的手法。豆胆灯作为主要照明，为空间提供均匀、明亮的光线。同时在重点区域，比如书架处放置射灯进行补充照明。

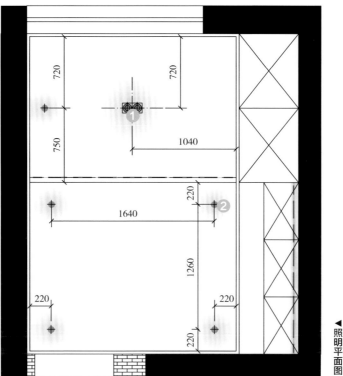

▲
照明平面图

① 豆胆灯

顶棚设置两种灯具类型打造灯光层次，靠窗功能区安装两个豆胆灯组合成为组合灯盘进行主要照明。

② 固定式内嵌灯

空间内运用最多的灯具就是内嵌式射灯，射灯的光线具有很强的指向性，向下打光的时候不会出现照明死角，并且射灯光束角的选择有很多，此空间照明选择较大光束角，散光比较好，光效也会相对柔和，不会出现眩光刺目的情况。

书房的照度基准

书房的整体照度在 150lx 左右，如果有学习、读书的需求，桌面照度一定要有 750lx 左右的照度，色温可以选择 4000K。如果在书桌上使用电脑，因电脑屏幕的色温在 5500~6000K，建议使用色温较低的照明灯具，如用色温 3000K 左右的灯具去平衡。如果是进行缝纫等更精细的活动，照度要在 1500lx 左右。

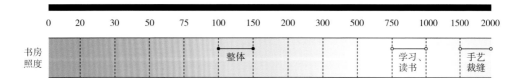

法则 11

流明顶棚塑造柔和光环境

流明顶棚通过内嵌灯具与透光材质的结合，可模拟自然光的漫射效果，使光线均匀覆盖空间，并提升视觉纵深感。这种设计既保证了基础照明需求，又以低对比、低眩光的特点塑造出柔和的氛围光效，适用于需要强调舒适性与艺术感的空间。

书房的面积不大，选择无主灯的设计可以让空间看起来不拥挤。流明顶棚将光线变得柔和，利于空间氛围的塑造。靠近书柜的一侧顶棚设置了一排内嵌灯，直接照亮书柜。书房一角设置了一盏间接照明落地灯，粗糙的灯罩让刺激的光线变得柔和，这样不会刺激人眼，还能丰富灯光层次。

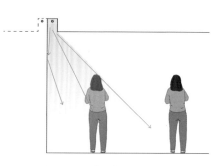

▲ 实景图

墙面为反光材料时灯具的安装位置

如果墙面使用的是容易反光的材料，那么如果还继续将灯具设置在墙面正前方，必定会在墙面上产生反光。相反，如果采用间接照明，或者是在墙边连续设置筒灯进行照明，只要不贴近墙面，就不会产生反光。在照明盒上方设置光源时，灯泡的位置要深一些，深度最好是墙面与光源中心距离的2倍以上。不过安装照明盒的地方会在墙面上方产生反射光，所以最好将照明盒涂成黑色，以避免反光。也可以安装亚光亚克力灯罩，将灯泡隐藏起来。

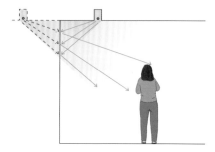

不靠近就看不见反射光

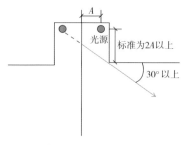

从前方照射很容易看见反射光

从前方照射很容易看见反射光

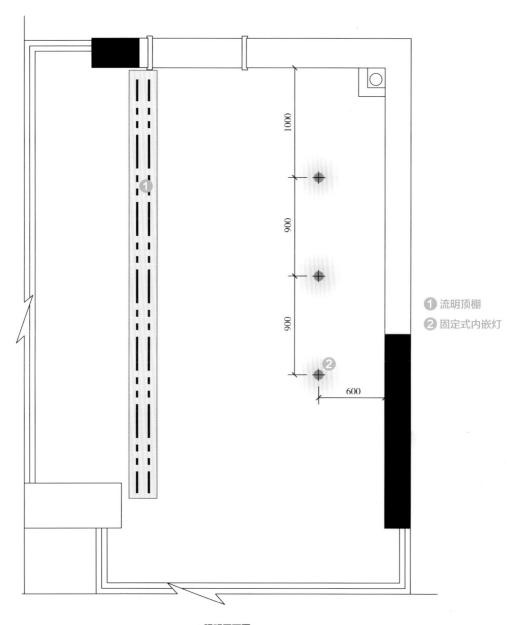

1000

900

900

600

❶ 流明顶棚
❷ 固定式内嵌灯

▲照明平面图

流明顶棚、固定式内嵌灯、落地灯

整体来看空间内环境光线比较柔和舒适，直接照明为书架区域提供均匀照度，工作区域上方设置流明顶棚，均匀柔和的光线自上而下投射，不会产生眩光，满足学习工作的需要。除此之外书架一侧设置落地灯造型呼应空间风格，应用扩散型光源，使光线柔和不刺目。

第八章

厨房照明设计

厨房在住宅空间中相当于操作间的功能定位，其照明设计在许多人眼中无足轻重，觉得只要有照明灯具发光即可，导致许多厨房空间在工作区域照明不足。如今，一盏吸顶灯负责整个厨房空间的照明方式已经过时，厨房空间的照明更需要进行灯光分层。

法则 1

均匀布灯消除阴影

　　厨房布灯设计应尽可能保证明亮度，厨房空间内不够明亮或是产生阴影的话，会非常影响烹饪者的正常活动。厨房的整体工作区可以选择高亮度的灯具，根据厨房顶棚的形状均匀布局，这样不仅可以照亮工作区，而且能最大程度地消除阴影。

作为开放式厨房，厨房区域顺应整体空间设计，地板、桌椅、橱柜属于同一色系，偏向复古、轻奢的风格。为了呼应空间风格，负责主要照明的吊灯使用古铜色复古材质作为灯杆，局部照明同样使用复古造型的壁灯。

▲ 实景图

固定式内嵌灯、吊灯

从平面来看整体空间的照明灯具分布均匀，除用于主要照明的造型吊灯之外，内嵌式灯具运用较多且排布均匀，能够保障空间内具有充足照度。除了开放空间顶棚布置的嵌灯，为了照顾厨房操作台的细节照明，在灶台洗手池上方安装细部照明，保证在使用厨房时不会产生阴影影响操作。

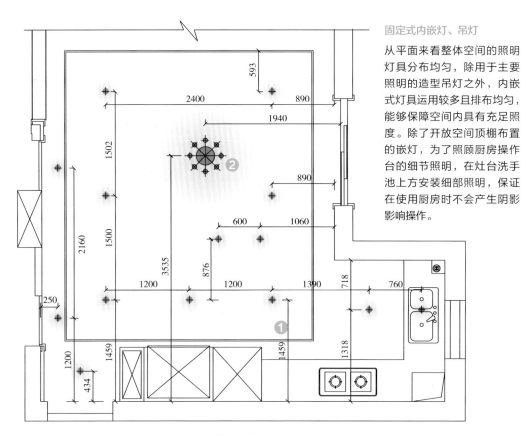

▲照明平面图

① 固定式内嵌灯

② 吊灯

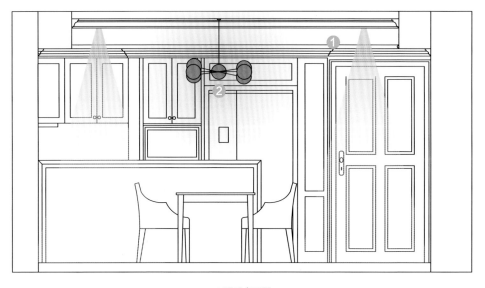

▲照明立面图

法则 2

面状光源组合点状光源

像筒灯或射灯，因为光源散射有限，所以可以将其看作是点光源，仅能照亮特定的区域；而面光源因为照射面广，光线柔和，所以相对点光源，更适合用在厨房中。如果两者结合，更可以打造出健康、实用的光环境。

▲ 实景图

吸顶灯内里安装 LED 灯管，为整体空间提供柔和照明，照亮摆放厨具的区域，凸显陶瓷与玻璃的材质，以及工作台面大理石的质感。筒灯作为点状光源，为水池区提供额外的照明，避免因背对吸顶灯而看不清水池区域。

LED 光源的优缺点

LED 光源相比其他电光源有以下几种优势：比白炽灯光效高很多；寿命高于绝大多数传统光源；尽管 LED 灯本身会发热，但发出的光线却是冷的，不包含热辐射。相较于其他光源，LED 灯可在寒冷环境下工作，极端环境下的可靠性更好，由于没有脆弱的灯丝，LED 芯片能够承受一定冲击和振动。

【平均寿命】 25000~50000h

【优点】 ① 发光效率高。同样照度水平下，理论上能耗不到白炽灯的 10%，LED 灯与荧光灯相比也可以达到 30%~50% 的节能效果。

② 安全可靠性高，发热量低，无热辐射，属冷光源。

③ 有利于环保，为全固体发光体，不含汞。

④ 响应时间短，起动快捷可靠。

⑤ 防潮、耐低温、抗振动。

【缺点】 ① 色温偏高、显色指数 (R_a) 偏低。

② 表面亮度高，容易导致眩光。

③ 光信号在传输过程中容易衰减，导致闪烁等现象。

④ 有的驱动电源电路简单，容易导致类似"电流杂波"（谐波）现象，这些杂波不仅浪费电能，还可能使同一电路上的其他设备出现闪烁问题。

⑤ 优质产品成本较高。

1 集成式吸顶灯　**2** 固定式内嵌灯

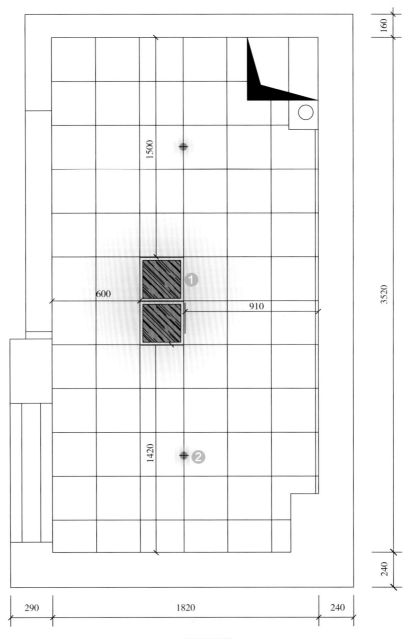

▲ 照明平面图

集成式吸顶灯、固定式内嵌灯

厨房顶棚安装两盏集成式吸顶灯作为主要光源为空间提供整体照明，集成式吸顶灯内里安装 LED 灯管，发出柔和光线，具有不伤眼、省电、光线自然等特点。再结合点状光源安装固定式内嵌筒灯，均匀排布保证整体空间照度。

法则 3

注意补充细节照明

厨房的主要照明一般由顶棚灯具提供，考虑到厨房内会有许多柜体，仅靠顶棚的光源不能满足台面的照度需求，因此最好在橱柜内补充细节照明，以照亮台面或柜内，减少阴影。

厨房用嵌灯来创建光域，这样显得顶棚非常整洁、明亮。除此之外，在橱柜吊柜下方设置了灯带，为台面补充光线，避免在使用时台面产生阴影，导致看不清楚台面的问题。

▲ 实景图

厨房辅助光源

厨房照明设计中最重要的是要让操作台被照射得最亮，因此最好在水池或操作台附近安装辅助光源保证足够的亮度。比如，可以在收纳柜内部设置灯带，方便找调料；或者在料理台、水槽上方安装小射灯，照亮台面。

洗菜切菜看不清　　调料分量看不清

收纳柜内部设灯带，方便找调料　环境光整体照明　料理台、水槽上方安小射灯

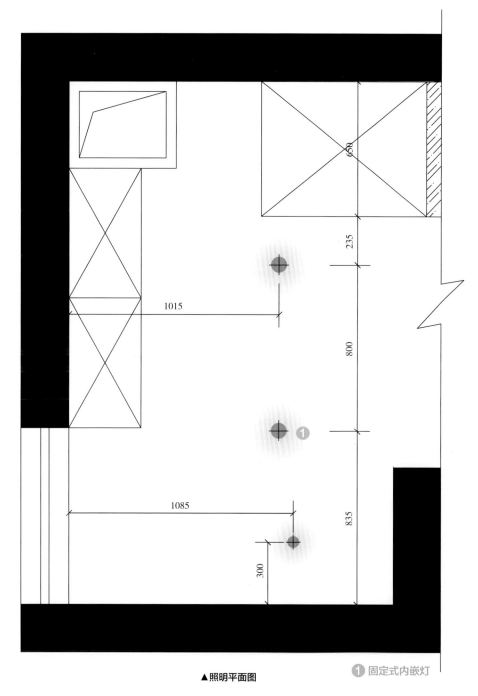

650

235

1015

800

1085

835

300

▲照明平面图

① 固定式内嵌灯

固定式内嵌灯、暗藏灯带

该空间内光源分布均匀，使用宽光束内嵌式筒灯与带方向性射灯结合的布光思路。宽光束内嵌式筒灯创建主要照明光域保证厨房活动区域照明，带方向性射灯照亮局部操作台。空间中除了安装方向性射灯进行补充局部细节照明以外，还在厨房吊柜下方安装暗藏灯带，对操作台进行局部细节的补充照明，这样的布光设置能够得到一个满足空间内任何功能性照明需求的光环境。

法则 4

集成吸顶灯结合操作台照明

在厨房照明设计中，如果只装一盏主灯，很可能会出现明暗不一、照明断层的现象。例如，光线被遮挡，以致光线不能到达的地方形成暗角；或者当烹饪者背过身切菜时，光线被身体挡得严严实实，总是要侧着身子切菜；再者会出现烹饪者进行饭菜调味时，看不清调味用量；洗菜时看不清是否已经洗干净等。因此，在进行厨房照明设计时，操作区域辅助灯光的设置非常重要。

▲实景图

厨房使用集成式吸顶灯作为主灯提供整体照明，水槽区上方设置两个筒灯补充局部照明。另外，为了照亮台面，可以在橱柜底部留好线路，按照橱柜的走向和使用习惯来安装小孔径筒灯。小孔径的灯放在橱柜下也不占地方，并且每个角落都能照清楚，能够满足切菜、洗菜等使用需求。

注意直接装设的灯具不要影响柜门开合

顶棚直接装设的灯具，必须确认是否会影响到门的开合，或是有没有可能与门的上方重合等，决定装设位置时要考虑到门与照明的关系。

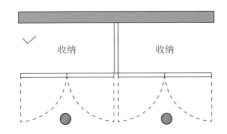

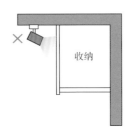

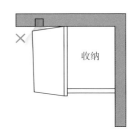

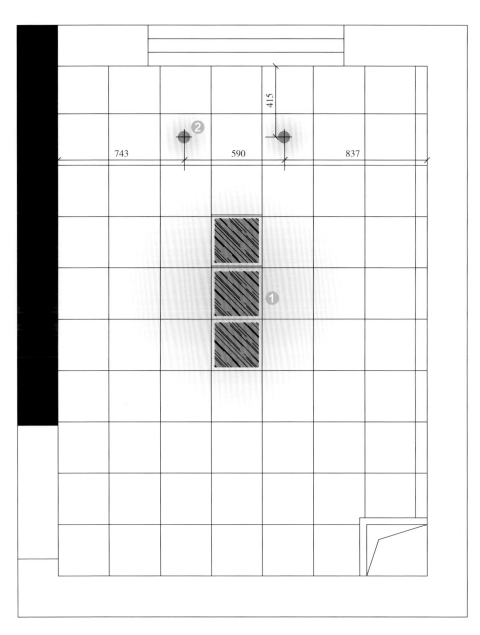

743   590   837

415

▲照明平面图

❶ 集成式吸顶灯
❷ 固定式内嵌灯

集成式吸顶灯、固定式内嵌灯

空间内使用集成式吸顶灯进行直接照明，为空间提供整体照明光源，同时加装嵌灯作为辅助光源照顾吸顶灯"够"不到的地方，避免形成照明断层，从而出现暗角，影响人的视觉感受。

法则 5

广角型内嵌筒灯结合壁灯

如果仅在厨房顶棚中间设置一盏灯，受光最亮的区域基本上位于厨房通道部分。而使用最多的操作区域往往在工作时被身体挡住，使人经常在一种看不清的状态下在工作台上操作。所以与其他空间不同，厨房除了要设置基础照明，最好还要设置辅助光源，辅助光源的形式可以是常见的线形灯、射灯，也可以是壁灯。

▶ 实景图

本案例中厨房顶棚使用了宽光束的筒灯，保证了基础的照明，同时也保证了顶棚的简洁。吊柜下方没有设置暗藏灯带作为补充照明，而是选择了壁灯来照亮台面，带有复古韵味的壁灯与空间的整体风格呼应，非常有装饰效果。

开放式厨房可使用不同光色区分空间

餐厅与厨房连在一起的户型，或是从其他房间可以看到厨房时，整体照明可以用暖色光统一，只对柜下灯采用白光，这样不仅不会破坏房间整体的氛围，还保证了台面有足够的亮度。

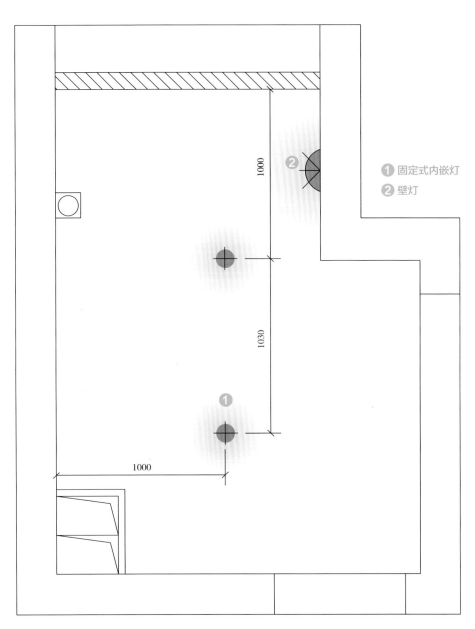

1 固定式内嵌灯
2 壁灯

▲照明平面图

固定式内嵌灯、壁灯

厨房空间在顶棚安装两盏内嵌式宽光束筒灯作为整体照明，顶棚使用防潮石膏板吊顶。在工作台面处设置摆臂式壁灯进行补充照明。

法则 6

利用照明改善狭窄空间

　　对于较狭窄的空间，合理地运用光线，也可以达到扩大空间的效果，让原本拥挤的空间看起来宽敞。对于这样的空间，一般会选择高色温的灯具，冷色光源更具明亮感，同时选择内嵌式的灯具，这样对空间的占用较少，视觉上能扩大空间。

可以看到本案例中厨房的面积非常小，所以灯具没有选择会占空间的吊灯，而是使用冷白光的集成式吸顶灯，集成式的吸顶灯相比普通吸顶灯，照射的范围更广，可以减少在局部产生的阴影，均匀地照亮厨房，使厨房看起来更宽敞。

▲ 实景图

▼照明平面图

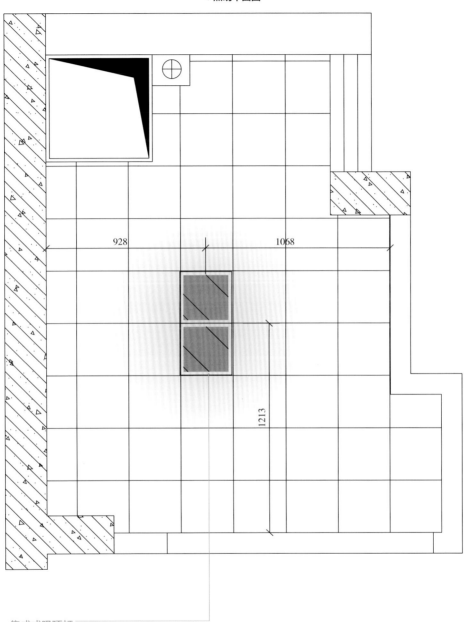

集成式吸顶灯

使用集成式吸顶灯作为主灯为空间提供整体照明。集成式吸顶灯算是厨房最常见的一种灯具，直接嵌到吊顶里，有利于提升空间的整体感。

第九章

卫浴间照明设计

许多户型卫浴间的采光条件并不是太好，甚至有些户型没有开窗，卫浴空间更需要人工照明来营造氛围，因此，卫浴间的灯光设计就显得尤为重要。再加上卫浴间干湿分离设计方式的普及化，此空间的灯光选择与组合应用更要与空间功能紧密结合。

法则 1

柔和光线营造轻松洗漱气氛

卫浴间属于非开放性的空间，大部分情况无法开窗，采光条件不好，自然光无法进入。因此在照明设计上就要把提亮空间照明效果作为重中之重，但如果全部使用直接照明，那么在晚上起夜的时候很可能会因为灯光过于强烈而感到不适，所以可以适当增加柔和的间接照明，增添轻松、温馨的氛围。

▲ 实景图

为了达到明亮的效果，卫浴间除了大量使用浅色马赛克瓷砖来制造明亮、洁净感，还利用了光的特性，通过镜面反射采光。卫浴间除了在顶棚设置了筒灯提供直接照明，还在镜柜下方设置了线形灯提供间接照明，缓和空间氛围。

1 集成式吸顶灯
2 固定式内嵌灯
3 暗藏灯带

集成式吸顶灯、固定式内嵌灯、暗藏灯带

卫浴间的各个功能区域使用不同的灯具以满足需求，整个空间的主要照明由固定式内嵌筒灯提供，宽光束角的筒灯能均匀明亮地照射空间，搭配镜柜下面设置暗藏灯带提供的间接照明，整个卫浴间的灯光层次非常丰富。

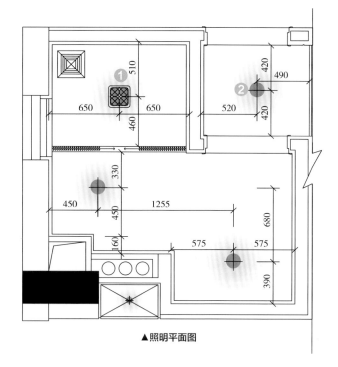

▲照明平面图

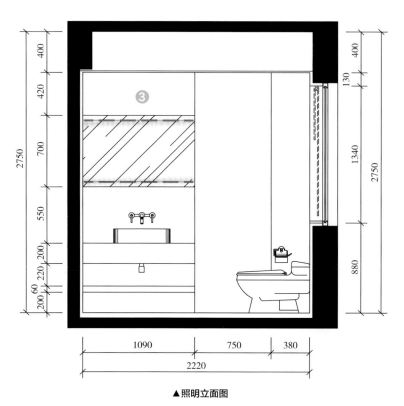

▲照明立面图

法则 2

嵌灯局部提亮开放式洗手区域

卫浴间大体可分为传统布局的卫浴间以及开放式卫浴间，前者较为普遍，其布局通常是洗手台区域与淋浴区、马桶同属一个空间内，就算做了干湿分离也只是用隔断将其分开；后者则不常见，其设计布局是将洗手台区域布置在开敞的区域，如客厅、卧室、厨房外等。这种开放式的洗手台更要利用好灯光进行功能分区。

▼ **实景图**

开放式的洗手台上方使用偏暖白光的筒灯，增强洗手台镜面正面和上方的光线，照亮人脸。同时借用玻璃透光的特性，可以将隔壁空间的自然光引入到本空间，结合区域中央的造型吸顶灯作为空间主要照明提供足够的照度。

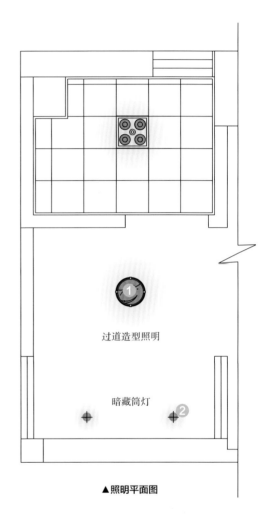

过道造型照明

暗藏筒灯

▲ **照明平面图**

1 吸顶灯

居于中间部分的吸顶灯作为空间内主要照明以及空间的均值亮度照明。

2 固定式内嵌灯

在开放式的洗手池上方设置固定式内嵌灯与空间内的洁具呼应，重点强调局部照明，使用直接光源过渡两个功能空间。

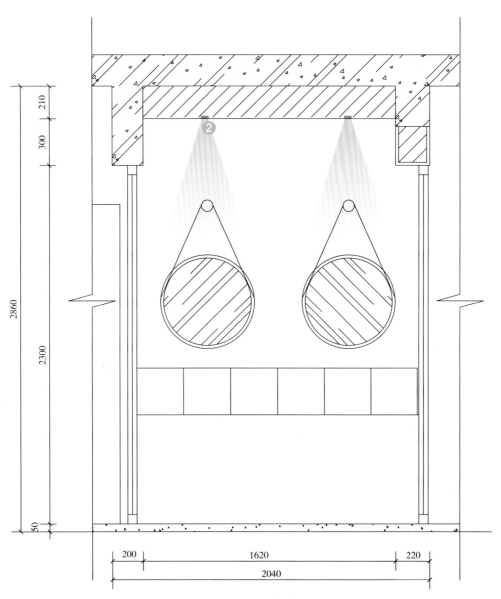

▲照明立面图

法则 3

嵌灯结合建材反射性的照明

许多卫浴间因为户型或面积的原因没有开窗，无法进行自然采光，所以在进行照明设计时就要特别关注空间亮度、照度的有效提升，空间其他部位可以考虑选择表面光滑的材质，比如瓷砖、玻璃、镜面等，它们可以反射光线，为空间增补光线。

卫浴间的墙面和地面都使用光泽度较好的人造大理石，顶棚筒灯的光线直接照在大理石上，经过大理石折射，无形中均匀照亮空间，提高了空间内整体亮度，增加了整个卫浴空间的明亮、整洁感。

▲ 实景图

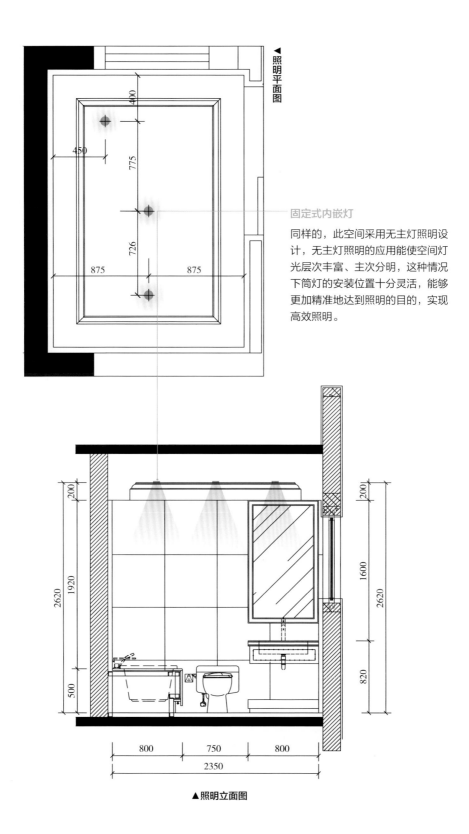

▲ 照明平面图

固定式内嵌灯

同样的，此空间采用无主灯照明设计，无主灯照明的应用能使空间灯光层次丰富、主次分明，这种情况下筒灯的安装位置十分灵活，能够更加精准地达到照明的目的，实现高效照明。

▲照明立面图

法则 4

隐藏式灯光凸显材料质感

随着人们生活水平的整体提高，灯光的布置除了应该满足区域内照明的功能需求外，其作用更体现在氛围的营造、高级感的塑造。相比直接照明的灯光，间接照明更能营造氛围感，特别是使用隐藏式灯光，能够照亮某一立面或家具表面，从而突出材质质感。

直接照明

采用直接照明，对应空间内的平面布置（即淋浴间、马桶、镜前），在顶棚设置固定式内嵌筒灯分散形成点状光源，让使用者满足淋浴所需照明需求，在盥洗、梳妆时看得更清晰，如厕时看书或看手机都有足够的光线。

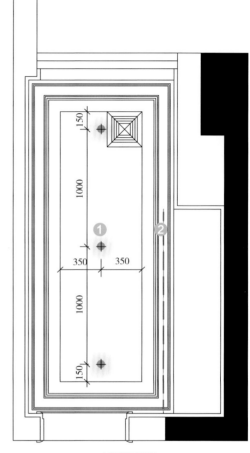

▲ 照明平面图

▲ 实景图

间接照明

在镜前设置间接照明，即在顶棚内安装暗藏灯带。当柔和的光线均匀地扫在镜子上方带颜色不锈钢金属板上，能够增强金属板的纹理质感，增添高贵奢华的氛围。

① 固定式内嵌灯

顶棚分散的筒灯提供直接照明，以满足区域内照明基本功能需求为目的。

② 暗藏灯带

空间内利用间接照明丰富灯光层次，顶棚造型设计为安装隐藏式灯条创造了空间，低压直线形隐藏式灯条安装于梳妆台上方，能柔化顶棚冷硬的线条，显得低调而严谨。

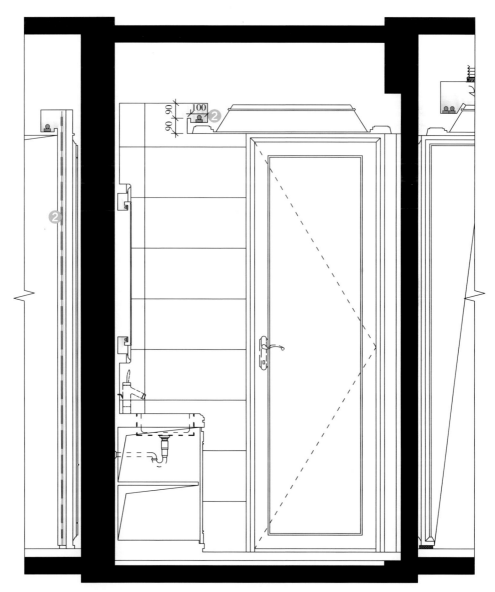

▲ 照明立面图

法则 5

统一空间色温打造明亮空间

　　明亮的光环境是保证人在空间内活动的前提条件，也是卫浴空间的基本保障。当人们结束一天的工作与学习回到家，走进一个舒服放松的卫浴间洗漱，洗去一身疲惫、压力与紧张感，那么卫浴空间就不仅仅满足了基本的功能需求，更进一步满足了人们在精神上的享受性需求。

◀ 实景图

　　整个卫浴间的布光思路，是将筒灯和浴霸灯作为主要照明，结合壁灯充当辅助照明。空间中地面与墙面使用大量米黄色系的浅色瓷砖，顶棚使用纯白色石膏板，这些浅色能够形成视觉膨胀的效果，能使空间变得明亮又宽敞，使用白光让整个空间显得更加洁净。

▶ 照明立面图

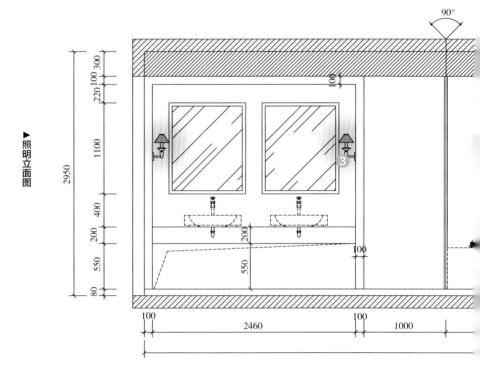

1 固定式内嵌灯

卫浴区顶面设置固定式内嵌灯形成点状光源均匀照亮整个空间，点状光源的分布主要根据卫浴设施对应设置，保证区域功能性照明需求。使用直径 15cm 的嵌灯，嵌灯打白光照明，白光的作用是能够进一步提升空间洁净感。

2 浴霸灯

顶面中央区域设置浴霸灯作为主要照明。

3 壁灯

洗手台两侧设置壁灯进行装饰性照明，其既能补充镜前照明光线，又有装饰空间的作用。

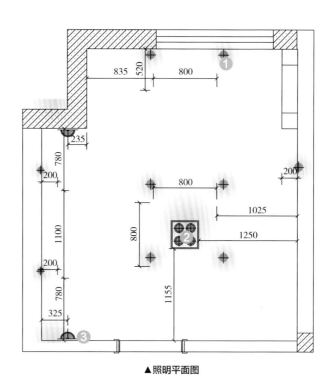

▲ 照明平面图

法则 6

根据卫浴设施布灯

　　卫浴空间内的设施相对其他功能区来说比较单一，这些设施主要包括洗手台盆、花洒、坐便器、浴缸。卫浴间最简单的布光思路就是根据卫浴设施进行照明设计，这样可以保证各个区域最基本的照度需求，方便日常使用。

▲ 实景图

卫浴间洗手台顶棚只设置了简单的三盏筒灯提供基础照明，其中一盏筒灯特地设置在洗手台上方，这样可以保证洗手台有足够的光线，同时在镜子旁设置了壁灯，壁灯可以将柔和的光线照到人脸上，这样使用者在照镜子的时候可以更清楚地看清脸庞。

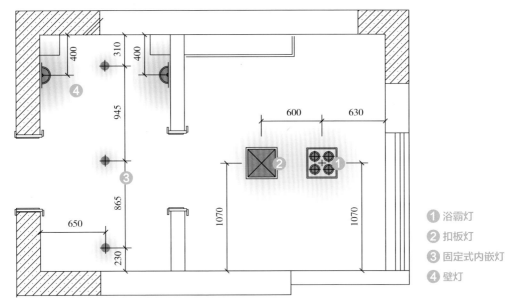

▲照明平面图

1 浴霸灯

2 扣板灯

3 固定式内嵌灯

4 壁灯

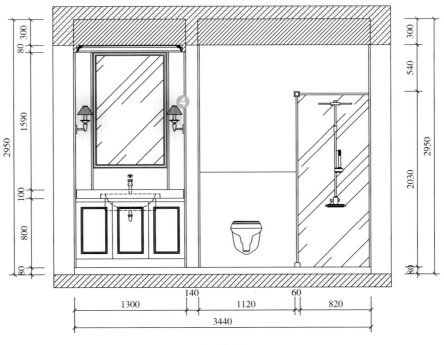

▲照明立面图

浴霸灯、扣板灯、固定式内嵌灯、壁灯

干湿两分离的卫浴间照明设计虽然不同，但都在主要卫浴设施上方设置了灯具。干区用内嵌式筒灯均匀地照亮空间，包括镜前空间；湿区选择了扣板灯和浴霸灯，分别对马桶区和淋浴区进行照明。另外用壁灯照亮镜子两侧，能在使用时看得更清楚。

法则 7

壁灯打造复古时尚感

卫浴间不仅仅是功能空间，也可以为其增加装饰性元素，打造不一样的洗漱环境。在照明设计时，可以选择装饰效果突出的壁灯灯具，这样既不会占用过多空间，又拥有非常亮眼的装饰效果。除此之外，壁灯还可以形成漂亮的镜面照明，这样既可以强调镜面区，又能提供平滑细腻的光感。

▲ 实景图

本案例的卫浴间地面和家具的设计感非常强烈，为了让空间看起来平衡，在中上层空间使用古铜色复古壁灯装饰，呼应整体风格。同时，在镜面两侧安装壁灯，壁灯的灯光能够柔和地从两侧照到人的脸上，使镜中人的成像更加清晰真实。

镜前壁灯的选择

镜前壁灯的造型和样式非常多，出光的方式也有很多，可以根据卫浴间的具体风格进行选择。但要注意，因为镜前壁灯常设置在镜子两侧，所以避免使用直接照明的灯具类型，而是使用间接照明的灯具类型。

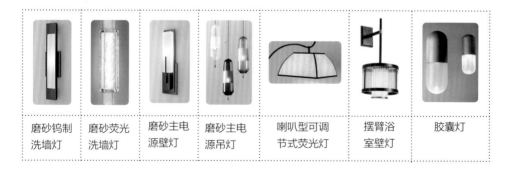

| 磨砂钨制洗墙灯 | 磨砂荧光洗墙灯 | 磨砂主电源壁灯 | 磨砂主电源吊灯 | 喇叭型可调节式荧光灯 | 摆臂浴室壁灯 | 胶囊灯 |

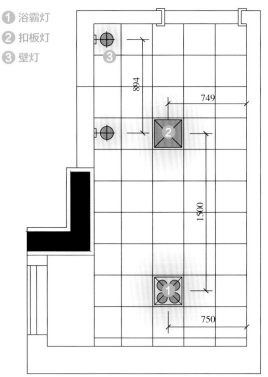

① 浴霸灯
② 扣板灯
③ 壁灯

浴霸灯、扣板灯、壁灯

使用浴霸灯与扣板灯作为直接照明，同时在镜子两侧装上常压灯，达到镜面照明基本要求的同时，作为空间内的辅助照明满足卫浴间整体照明需求。

注意：如果遇到实际镜面很宽，或卫浴镜需要用于化妆、剃须等需要强光直射时，最好考虑在离镜面大约60~80cm的两侧安装两盏低压定点聚光灯，并且调试角度，使镜面正好位于光束的焦点上。

▲ 照明平面图

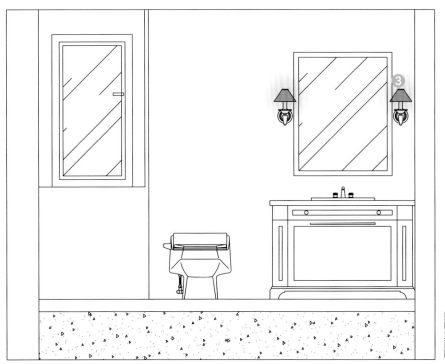

▲ 照明立面图

法则 8

淋浴间壁龛灯光的运用

　　壁龛灯光可以灵巧地将戏剧性的灯光带进小小的卫浴间中，无论空间是否有设计特色，精心照亮的壁龛都能为空间增添亮点。嵌入墙体的壁龛可以是任意尺寸和形状，灯具可以安装在壁龛的上端或下端，不同的位置将带来不同的效果。

▲ **实景图**

本案例中卫浴间的壁龛成为了陈列装饰品的平台，在壁龛的上方设置了射灯，光线照射到装饰品上，陈列品成为空间的视觉焦点。同时，壁龛灯光也是淋浴间照明的重要光源之一，可以减少淋浴间顶棚灯具的设置。

壁龛灯光的设置方法

设置壁龛灯光时要考虑空间中是需要暗藏式线形光源还是直接照明的聚光灯效果。线形光源要保证灯具能够被完美隐藏，如果是后者则要考虑适合的灯具型号以及光束角度。

①向下照射壁龛
②向上照射壁龛
③交叉向下照射壁龛
④垂直方向微聚光灯照射壁龛
⑤垂直方向线形光源照射壁龛

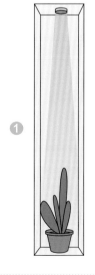

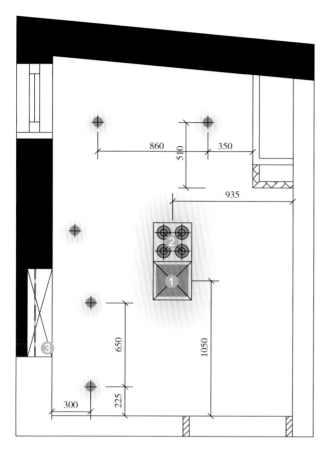

▲ 照明平面图

1 集成式吸顶灯

2 浴霸灯

3 暗藏灯带

**集成式吸顶灯、浴霸灯、
暗藏灯带**

卫浴间使用集成式吸顶
灯与浴霸灯的直接照明
作为空间基础照明满足
亮度需求，再以暗藏灯
带与壁龛嵌灯作为重点
照明。

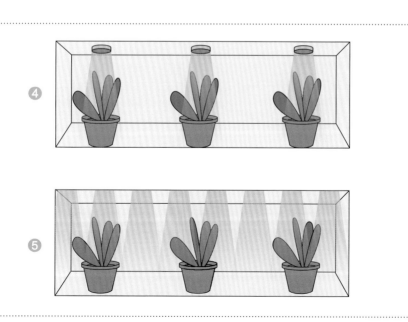

法则 9

相邻空间的灯光渗透

在两个功能空间比较近的情况下，可以考虑运用玻璃等透光材料，使用"灯光渗透"的照明设计原则进行设计。现在很多主卧里会带着卫浴间，两个空间通常"一墙之隔"。常规空间分隔是使用砖墙来实现的，但是我们可以考虑改变隔断方式，无需死板地应用传统墙划分，而是将隔断方式改为玻璃，利用玻璃能够透光的特性将卧室灯具作为卫生间的辅助光源，主要光源由嵌灯的点状光源与扣板灯和浴霸灯的片状光源组成，共同构成卫生间的整体照明。

▲ 实景图

卫浴间位于主卧里，把墙面改为玻璃，借助卧室灯光作为背景光源辅助照明，为了使卧室灯光与卫浴间灯光相融合，所以卫浴间灯光采用暖色灯光。

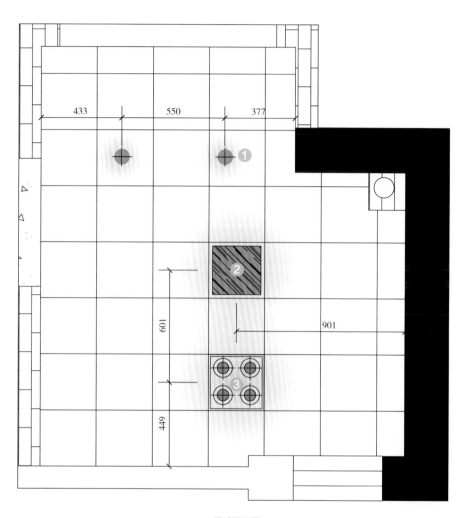

▲ 照明平面图

① 固定式内嵌灯

在卫浴空间中，设置分散点状光源进行空间整体照明，固定式内嵌灯的直接照射保证了空间的基本照度。而空间的辅助光源全来自卧室的光照。

② 扣板灯

③ 浴霸灯

法则 10

高流明白光提升空间洁净感

卫浴间的照明设计除了要突出功能作用，保证足够的照度，还要提升空间的洁净感。所以相比暖黄光，冷白光会让卫浴间看起来更干净、更明亮。因此在进行照明设计时，可以考虑多用高流明的冷白光光源，从设计上保持卫浴间的洁净感和明亮感。

本案例卫浴间的空间较小，所以整体采用了白色系来提亮空间。作为直接照明的嵌灯、集成式吸顶灯、射灯选择了白光光源，不仅呼应了白色系空间，而且有助于提升空间整洁感。

▲ 实景图

普通光源的相关色温

一般，色温大于 5000K 为冷色，小于 3000K 为暖色。具体来说，色温为 2500K 左右的光呈浅橙色，色温为 3000K 左右的光呈橙白色，色温为 4500~7500K 左右的光近似白色（其中 5500~6000K 的光最接近白色），日光的平均色温为 6000~6500K。

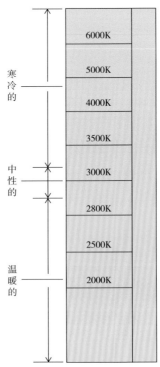

6000K	
5000K	5000K 蓝天
	4100K 金属卤化物灯
4000K	4000K 金属卤化物灯
	3500K 金属卤化物灯
3500K	3500K 荧光灯
3000K	3000K 荧光灯
	2800K 卤钨灯
2800K	2800K 荧光灯
2500K	2500K 白炽灯
2000K	2000K 高压钠灯

寒冷的

中性的

温暖的

1 集成式吸顶灯
2 固定式内嵌灯

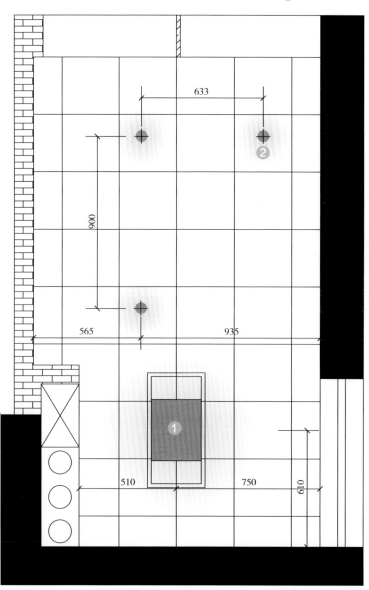

▲ 照明平面图

集成式吸顶灯、固定式内嵌灯

此空间为了保证卫浴间的基本区域使用功能需求，直接照明被用作空间内的主
要照明，由集成式吸顶灯、筒灯、射灯分别对淋浴间、马桶区、洗手台区域进
行照明。

法则 11

灯光氛围呼应空间气质

　　卫浴间虽然常用冷白光来突出洁净感，但如果卫浴间的整体风格并不适合使用冷白光，那么也可以考虑用偏暖的白光突出氛围，让整个空间能达到视觉上的平衡。

▼ 实景图

　　卫浴间的顶棚造型多样，采用了仿古橡木板饰面、装饰木梁，充满了复古感，那么灯具与照明设计就要与空间气质相符合。因此，局部照明选择古铜色复古款式的壁灯，暖黄色光向下投射照明，与整体空间气质相呼应。

1 集成式吸顶灯　**2** 固定式内嵌灯　**3** 壁灯

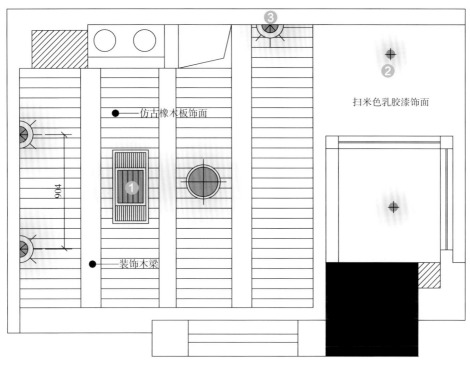

▲ 照明平面图

集成式吸顶灯、固定式内嵌灯、壁灯

在顶棚造型相对复杂的情况下，不采用无主灯的照明设计，放弃点状光源，不给顶棚增加累赘，改用传统的单一光源作为主要照明，并在局部使用壁灯作为辅助照明，保证空间内丰富的灯光层次。

狭窄空间中尽量选择距离小的灯具

因为壁灯的安装位置离人的视线较近，所以在卫生间或走廊等狭窄的空间中安装壁灯时，如果灯具外沿到墙的距离较远容易造成视觉屏障，给人带来压力，要尽量选择进深较浅的灯具。

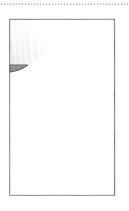 

第十章

休闲、娱乐空间照明设计

现在的住宅不仅仅用于满足人们基本的居住需求，越来越多的建筑在进行功能分区时还增加了娱乐空间，以满足人们日益增长的社交需求。由于这种娱乐空间一般在功能分区时都设置在地下一层或地下二层，所以娱乐空间主要依靠灯光来提供照明及营造氛围，加上游乐功能不同所需氛围不同，也就使得娱乐空间的照明设计更加多样。

法则 1

以嵌灯铺陈坡面顶棚板

当空间内顶棚带特殊造型，那么灯具的布置就要特别考虑与顶棚的协调，既不能抢了顶棚造型设计的风头，也不能太过于隐藏而达不到照明效果。在这种情况下应该充分考虑灯具与顶棚的协调，最好能够做到"一加一大于二"的效果。

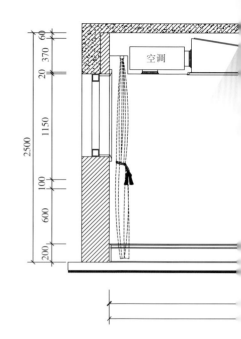
空调

▼ 实景图

此空间是专为儿童提供娱乐休闲进行赛车游戏的功能区，主要游戏设施位于空间正中央，因此主要照明的光源设置于顶棚中央，同时顶棚中央的防眩光固定式内嵌灯可使用 LED 灯泡，这样光线能够柔和地洒下来，防止眩光造成眼部疲劳损害眼部健康。

① 固定式内嵌筒灯

因为空间顶棚板采用坡面的非常规设计，所以选用固定式内嵌广角型筒灯创建宽广光域照亮整个空间。

② 固定式内嵌射灯

为防止光源分散形成暗角，在边角处设置射灯进行补充照明。这样的布光有利于保留顶棚的整洁性，不破坏坡面顶棚的流畅造型。

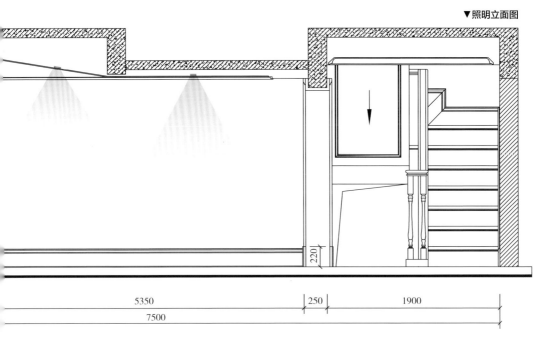

▼照明立面图

220

5350　　250　　1900
7500

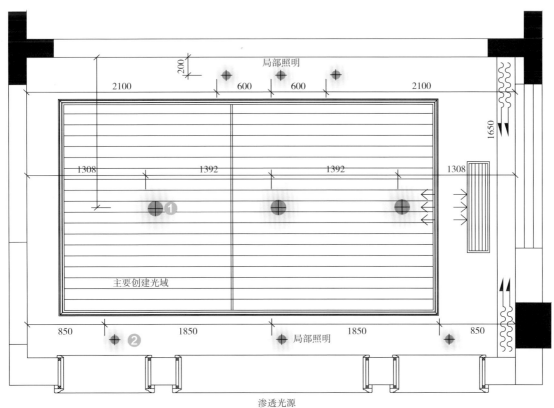

局部照明

200

2100　　600　　600　　2100

1650

1308　　1392　　1392　　1308

① ②

主要创建光域

850　　1850　　1850　　850

局部照明

渗透光源

▲照明平面图

法则 2

以不同照明形态区分空间功能

在现代设计中很多空间并没有设计明确的物理分界如隔墙、门、柱、家具等，所以如何运用灯光来完成对大空间的隐性分割显得越来越重要。在宽敞空间内最常用的分割方式就是内嵌式筒灯与射灯的结合，如在中心区域等距分布筒灯，在不同的娱乐设施上方设置射灯起到强调焦点的作用。

▼ 实景图

本案例的娱乐空间被改造成了运动空间，所以除了要照度足够外，还要避免灯光直射眼睛从而干扰运动。因为空间挑高，所以顶面用筒灯提供基础照明，然后在墙面边缘交界处设置暗藏灯带，用柔和的光线照亮攀岩墙面，也起到区分空间的作用。

1 固定式内嵌筒灯

顶面的筒灯成分散式分布，为空间提供均匀的直接照明。

2 固定式内嵌射灯

篮球架上方设置三盏射灯，因为地下一、二层挑空层较高，所以不容易形成眩光。

3 暗藏灯带

因为顶棚有设计造型，所以在顶面设计两层暗藏灯带，在丰富灯光层次的同时强调顶面造型。在墙面攀岩壁的周围同样设置灯带，目的是补充局部照明的同时起到划分攀岩区界限的作用。

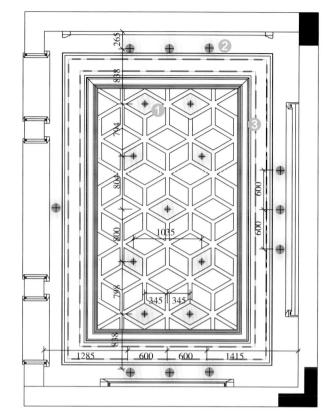

▲ 照明平面图

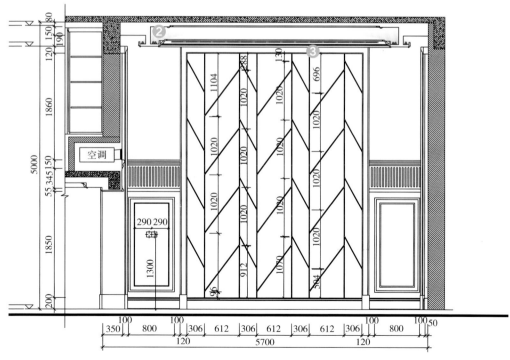

▲ 照明立面图

法则 3

筒灯结合反射率高的顶面

　　娱乐空间属于对灯光的需求比较特殊的空间，例如排练室的空间照度不需要太充足，反而能营造出艺术气氛与排练氛围。在这样的空间中光源就要依照房间内的器械氛围进行布置，但也要注意低照度的空间也需要保证整个空间光线的均匀分布。

▲ 实景图

本案例排练室四周立面基本采用相同的造型与材料，为了防止乐队音量过大而采用吸音的软性材料作为立面。背景黄色底板配合暖黄光灯条反射到顶棚上也能够起到拉长竖向空间的作用，增加空间径深感，同时平添一种浓厚的摇滚味道，更贴合空间功能。

固定式内嵌灯

结合照明平面图来看，顶棚不同于普通的石膏板顶棚，而是采用反射率较高的顶面设计，这样的顶面在没有灯光的时候是黑暗的状态，但是开灯时在灯光的加持下，能在顶部映射出下面的人与物体，视觉上拓宽了空间体积。如果只在中央设置嵌灯，那么除中央外四周照度不足，所以在顶棚四角及镜面顶棚外围设置筒灯作为补充光源。

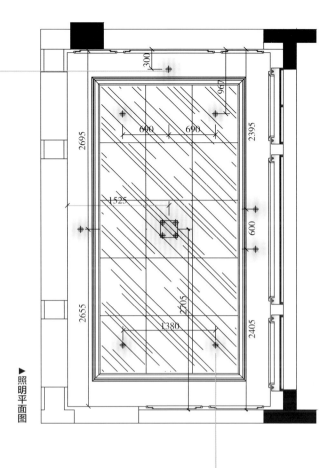

▶照明平面图

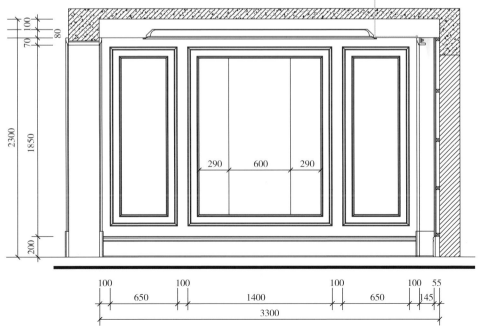

▲照明立面图

第十一章

细节区域照明设计

整体空间最终呈现的照明设计效果，是通过一个个细节设计潜移默化地提升区域氛围实现的。照明设计的细节处理往往可以为一个平平无奇的空间增色，使人们在进入空间时获得意想不到的体验。

法则 1

局部线形光强调置物空间

　　客厅的照明设计除了要关注整体空间光域的创建，还要注意一些家具的细节灯光设计，比如客厅装饰柜的照明。装饰柜的存在既能增加客厅空间储物的能力，其细节照明还能丰富客厅的灯光效果。装饰柜细节灯光的处理能够为客厅的灯光布置起到氛围营造的作用。

▲ **实景图**

深色装饰柜结合暖黄色灯光让氛围一下变得温暖，贴合客厅温暖舒适的设计初衷。

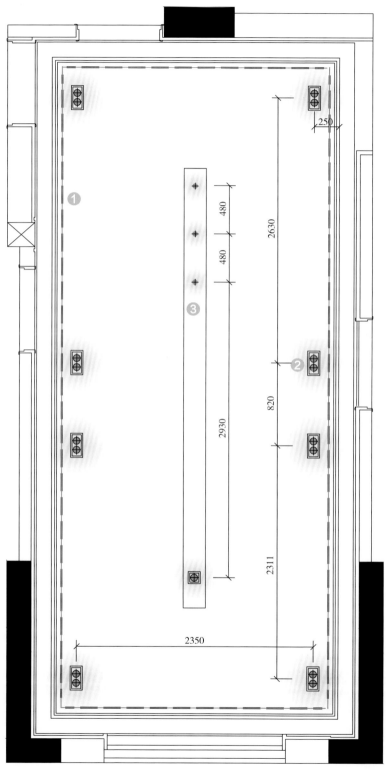

① 暗藏灯带

客厅装饰柜隔板下面安装灯带能够起到丰富客厅灯光细节的作用，用线形灯条提供照明是为一个区域增加细节装饰的最经济的方法，灯光紧贴隔板能勾勒每一层储物空间的轮廓，使装饰柜每一层的单一储物空间得到活跃。

② 组合灯盘

③ 固定式内嵌灯

▲照明平面图

法则 2

高顶棚空间适当降低照明亮度

　　高顶棚空间顶棚上设置的灯具不宜太多。在高顶棚空间内也要尽量保证顶棚的干净整洁，如果空间顶部照明灯具太多，那么整个空间会形成一种"头重脚轻"的感觉，并且最终所呈现的照明效果也并不会很理想。所以适当地降低照明高度是高顶棚空间中比较适合的布光思路。

▲ 实景图

通过吊灯和暗藏灯带以及筒灯的组合，可以灵活应对高顶棚空间室内功能需求的变化。但是降低吊灯高度满足下部空间光照条件的同时，不应忽略上部空间的照度，可以采用整体扩散光的吊灯，即灯罩与灯整体发光型吊灯，这种吊灯最适合用于高顶棚空间，能够满足整体空间光照需求。

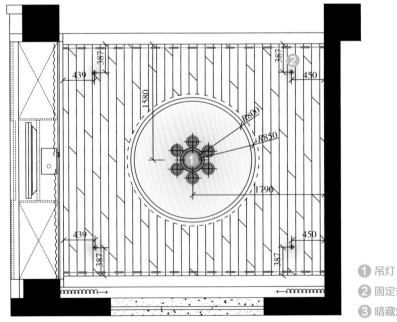

1 吊灯
2 固定式内嵌灯
3 暗藏灯带

▲ 照明平面图

吊灯、固定式内嵌灯、暗藏灯带

为了将顶棚的灯具减少，中心区域设置吊灯作为主要光源进行照明，周围设内外圈两层灯带，即内圈环形灯带、外围矩形灯带辅助照明，同时四角设置固定式内嵌筒灯补充照明，以防主要照明光线达不到的区域形成黑色"洞穴"。这种主要照明结合内外圈灯带加之筒灯辅助照明的布光思路，非常适合在高顶棚的空间内使用。

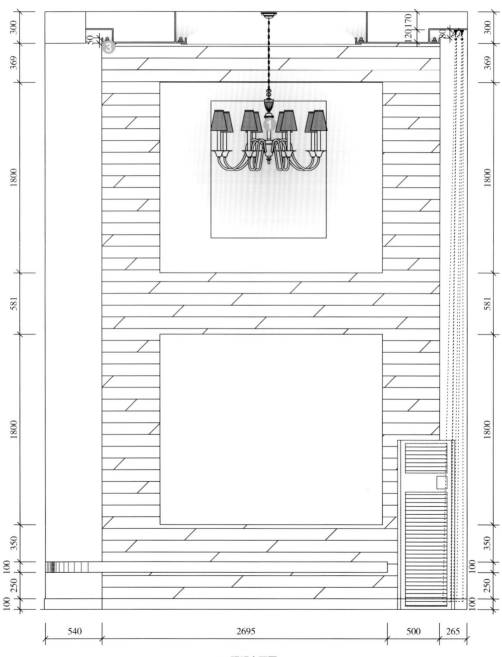

▲照明立面图

法则 3

考虑家具使用时的充分照明

在很多设计案例中，虽然整个空间满足照度需求，却忽略了家具与灯光的结合，导致家具使用的不便，如柜子径深比较大，外部灯光不能满足对柜内储物的充分照明。所以，在设置灯光时除了对空间整体照明的思考，还应对家具的照明需要进行充分考虑。

◀ 实景图

本案例中一进门就是餐厅，没有独立的玄关空间，所以餐厅又充当玄关来使用。除了餐桌上的吊灯外，还在旁边柜体中设置了小射灯照亮书本和物体，提供有效的背景灯光，避免此处成为一个毫无生机的区域。

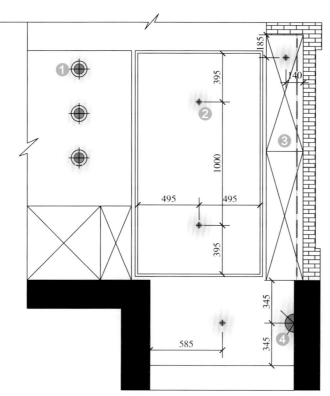

① 吊灯
② 固定式内嵌灯
③ 灯带
④ 壁灯

185

140

395

1000

495　495

395

345

585

345

345

▲ 照明平面图

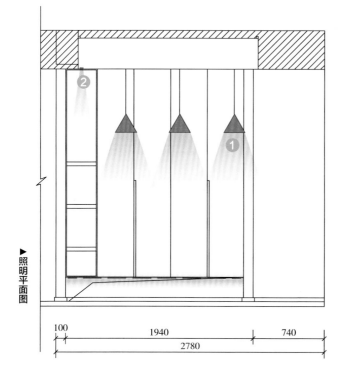

▲ 照明平面图

100　1940　740

2780

吊灯、固定式内嵌灯

玄关和餐厅两个空间合并，但在照明设计上做了区分。在玄关柜顶端设置了射灯，让有限的空间变得更有画面感，并形成视觉焦点。顶面的吊灯保证了餐桌面的光线，也从视觉上划分出餐厅区域。

法则 4

收藏品的装饰照明

　　空间细节的照明与整体照明同样起着非常重要的作用，当空间内存在收藏品或者纪念品等储物时，一般采用重点照明，即用较为集中的光束照射物体，如艺术品、盆景或者是某些建筑细部结构，主要目的是营造艺术效果，突出视觉焦点。这种装饰照明，其任务就是使所要照射的物体接收到足够的光线，给房间内提供一个美观的视觉背景，这种照明作为辅助照明还能够增加空间照明层次。

▲
实景图

本案例中两组储物柜虽然都是装饰照明，却采用了两种不同的照明方式。一种是将嵌灯置于隔板顶部实现隔间整体照亮，暖黄色的灯光包裹整个物体，再由物体反射灯光，突出藏酒的精致感；另一种是将灯带置于隔板中向上下照明，使用冷光灯向上或向下投射到物体上，同时又考虑到住宅照明如果都是用冷光灯会太过于强调空间严肃冷峻感，所以在顶棚顶部设置暖光嵌灯中和色温。

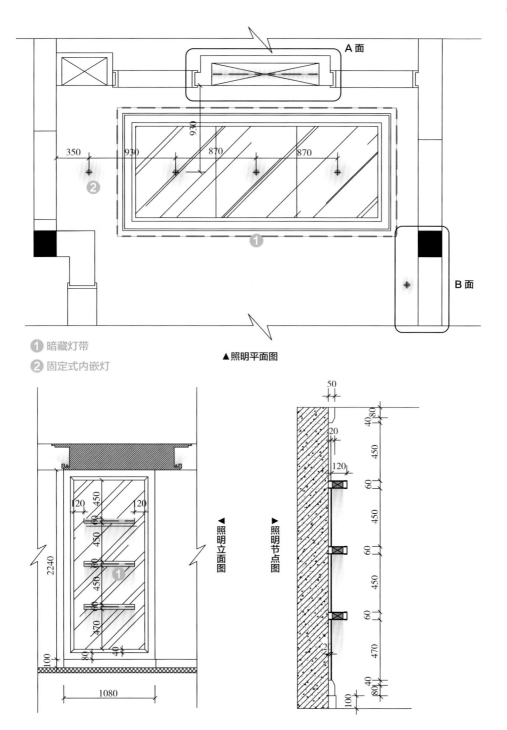

① 暗藏灯带

② 固定式内嵌灯

▲照明平面图

暗藏灯带、固定式内嵌灯

当空间中存在两组装饰柜，分别放置收藏品、纪念品或者是装饰摆件等时，除保证整个空间照明所需要的照度之外，还要考虑空间内细部照明所需要的灯光类型，此空间内主要适合用装饰照明，如果用重点照明的话会过于强调物体而混淆空间内的灯光层次。其中一个装饰柜使用了 T5 灯管，另一个装饰柜则使用射灯，从上向下投射光线。

法则 5

利用背景照明照亮墙壁

　　小空间中，在顶棚的中央设置一盏广角型内嵌筒灯的情况比较多见，但是利用墙面、顶棚照亮墙壁进行局部照明，也能使住宅内细部空间整体明亮。以下是位于玄关柜附近的休闲空间，为开放书房、餐厅以及摆放钢琴的功能需求提供空间，其多种功能的融合能够增加家庭成员之间的互动。为了融合各个功能区域，照明设计的思路要明确。

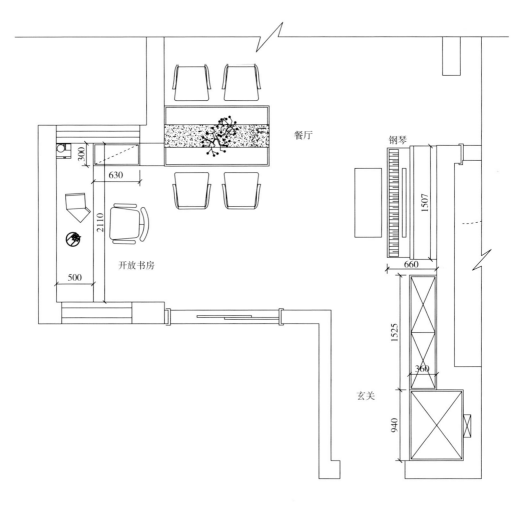

▲平面布置图

▲ 实景图

顶棚设置固定式内嵌灯，使光束投射于整个墙面，再由墙面向外漫反射光线，坐在钢琴前的人与墙面之间存在一定距离，不会造成刺眼眩光，影响弹琴。

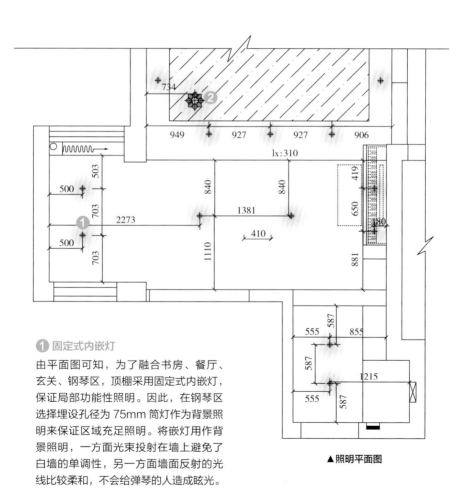

▲ 照明平面图

❶ 固定式内嵌灯

由平面图可知，为了融合书房、餐厅、玄关、钢琴区，顶棚采用固定式内嵌灯，保证局部功能性照明。因此，在钢琴区选择埋设孔径为 75mm 筒灯作为背景照明来保证区域充足照明。将嵌灯用作背景照明，一方面光束投射在墙上避免了白墙的单调性，另一方面墙面反射的光线比较柔和，不给弹琴的人造成眩光。

❷ 吊灯

法则 6

室内光结合室外光

在照明设计中，自然光是白天的主要光源，所以要尽可能多地利用自然光。当空间内有足够多的窗户时，白天可以借用自然光为室内提供充足的照度。到了晚上，可以在窗户的周围设置一些低照度的灯具，这样会给人一种柔和的感觉，减少窗户带来的冰冷感。

▲ 实景图

本案例中大面积的窗户在白天的时候可以引入更多的自然光，但是在夜间会给人带来冰冷的感觉，所以通过设置吊顶灯具，不仅可以进行装饰，而且暖黄色的光源可以带来温暖的感觉。

住宅建筑的采光标准值

住宅建筑的卧室、起居室的采光不应低于采光等级 IV 级的采光标准值，侧面采光的采光系数不应低于 2.0%，室内天然光照度不应低于 300lx。

采光等级	场所名称	侧面采光	
		采光系数 标准值 / %	室内天然光照度 标准值 / lx
IV	厨房	2.0	300
V	卫生间、过道、餐厅、楼梯间	1.0	150

▼照明平面图

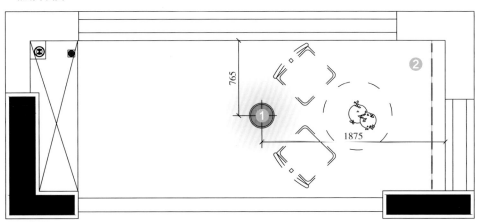

① 吊灯

吊灯除了可以提供主要照明外，还有不错的装饰效果。在靠近窗户的地方设置吊灯，可以照亮整个空间，同时玻璃也能够反射光线作为补充照明。

② 灯带

③ 台灯

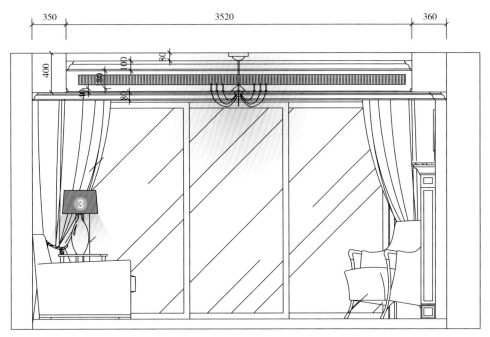

▲照明立面图

法则 7

打造吧台艺术氛围

　　想要在空间中打造带有艺术气质的极简吧台，灯光营造气氛的作用不可小觑。吧台作为第二个餐桌，也需要注意使用吊灯对桌面进行照射，但不必达到餐桌吊灯的照度，可以以低照度营造氛围感为主，这样可以打造出独具艺术氛围的区域。

▲ 实景图

小吧台位于客厅空间的角落，两面靠墙，占地面积极小，在这种狭小的空间中不需要太多的灯具就能够满足照度需求。在顶棚设置一盏固定式内嵌筒灯向下洗墙，作为背景照明为空间角落提供光线，以防产生暗角。同时设置明度相对较暗的吊灯照亮吧台桌面，使吧台光域与客厅光域衔接过渡。

吧台的照明要点

有以用餐为主的吧台，也有以喝酒为主的吧台。前者注重的是用照明表现菜肴的美味，所以常用显色性较好、中光束角配光、色温在 3000K 左右的灯具保持环境氛围；而后者的酒吧吧台，最好采用低照度照明，顶棚面照度在70lx 左右比较合适。

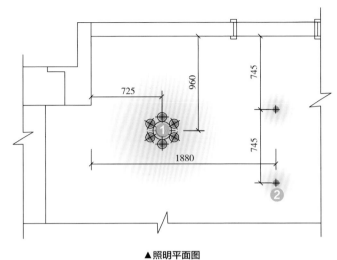

▲照明平面图

① 吊灯

低照度的吊灯不作为主要照明出现，而是成为空间的辅助照明。独特的灯具造型，还能为空间增添装饰感。

② 固定式内嵌灯

为了打造立面的艺术气氛，使光束延伸到下方艺术品，可以选用中角型筒灯，这样就能够在墙壁上形成明显的光束形状，既强调了作为视觉焦点的艺术品，又对墙壁进行了装饰。还要注意的是，为了使墙面整体明亮，筒灯的安装位置距离墙面 150mm 比较合适。

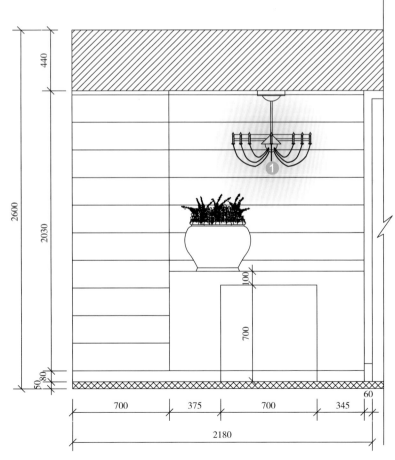

▲照明立面图

法则 8

利用壁龛灯光突出焦点

　　壁龛灯光可以巧妙地将戏剧性的灯光铺洒进极小的空间里，还可以用于照亮视平面的焦点使之成为瞩目点，为相关区域增添一个额外维度的空间。灯具可以安装在壁龛上端或者下端，不同的位置能够营造出不同的灯光效果，也可以选择从顶棚上部向下照明，或者设置脚下灯向上照亮壁龛区域，最好选用多种布光方式，灵活应用。

▲ 实景图

　　壁龛位于过道走廊的位置，在此位置设计照明，可以让原本沉闷的空间变得有趣起来，也能够为先天采光条件不好的走廊提供补充照明。因为壁龛内的花瓶是玻璃材质，最好选用冷光灯，利于艺术氛围的营造。

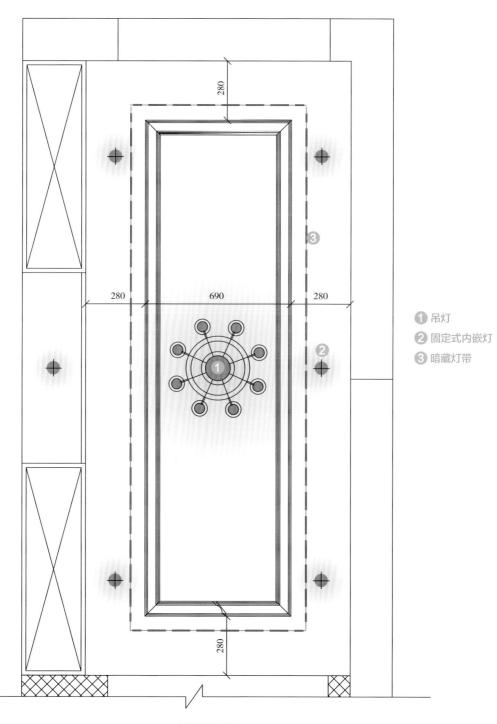

280

280 690 280

280

1 吊灯

2 固定式内嵌灯

3 暗藏灯带

▲照明平面图

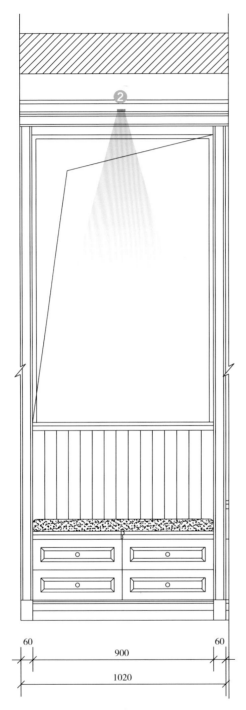

固定式内嵌灯

壁龛内的照明通常选择固定式内嵌灯，设置的位置可以是壁龛的顶部或底部，也可以上下都装。如果想要向下照到下方平台上的展品时，就要确保灯与艺术品、收藏品或者盆景之间留有足够的空间，以防光源被遮住。

60　　　900　　　60

1020

▲照明立面图